# Projektmanagement

Hans-Dieter Litke
Ilonka Kunow
Heinz Schulz-Wimmer

2. Auflage

HAUFE.

# Inhalt

## Teil 1: Praxiswissen Projektmanagement


### Vor dem Projektstart 7

- Warum Sie Projektmanagement brauchen 8
- Was muss ein Projektleiter können? 12
- Was muss ein Projektleiter leisten? 21
- Checkliste: Worauf achten im Projektmanagement? 23

### Das Projekt vorbereiten 27

- Ziele festschreiben 28
- Sich auf Risiken einstellen 32
- Mit einflussreichen Personen rechnen 37
- Das Projekt organisieren 41
- Das Team zusammenstellen 49
- Informationswege und Dokumentation festlegen 58
- Das Projekt starten 60

## Das Projekt planen 63

- Gut geplant ist halb gewonnen 64
- Mit Meilensteinen Projektphasen definieren 66
- Projektpläne erstellen 70
- Die Termine festlegen 79
- Die Kosten kalkulieren 84

## Projekte zum Erfolg führen 89

- Mit dem Team arbeiten 90
- Das Projekt sicher im Griff 107
- Konflikte erkennen und vermeiden 117
- Projekte sauber abschließen 122

# Teil 2: Training Projektmanagement


## Den Einstieg ins Projektmanagement finden 133

- Auf was es ankommt 135
- Die Grundprinzipien verstehen 139

## Erfolgreich starten und Ziele definieren 149

- Das Projekt beginnen 151
- Die Situation analysieren 157
- Erwartungen der Betroffenen analysieren 163
- Das Ziel formulieren 171
- Das Team führen 177
- Informieren und kommunizieren 189

## Projektpläne erstellen 193

- Das Projekt strukturieren 195
- Den Ablauf planen 199
- Aufwand für das Projekt ermitteln 205
- Den Projektplan fertig stellen 209
- Die Kosten ermitteln 215
- Risiken analysieren 219

## Projekte durchführen und beenden 225

- Planabweichungen erkennen und korrigieren 227
- Berichten und dokumentieren 235
- Das Projekt erfolgreich abschließen 245

- Stichwortverzeichnis 249

# Vorwort

Projekte sind eine spannende Sache. Dafür sind sie auch riskant. Manches Projekt verschlingt Unsummen, ohne je fertig zu werden. Damit Ihnen das nicht passiert, brauchen Sie Projektmanagement. Nur mit geeigneten Planungs- und Steuerungstechniken können Sie etwas, das anfangs unklar erscheint, in geordnete Bahnen lenken. Und Sie müssen in der Lage sein, permanent die unterschiedlichsten Dinge im Blick zu behalten: Termine, Kosten, Qualität, Mitarbeiter, Kundenwünsche, Anforderungen aus dem Unternehmen und vieles mehr. Projektmanagement bedeutet aber auch: Sie müssen Menschen, die Ihnen nur selten direkt unterstellt sind, anleiten, anweisen, motivieren, zu einem Team zusammenschweißen.

Dieser TaschenGuide zeigt Ihnen, wie Sie Ihr Projekt vorbereiten, planen, durchführen und abschließen, und wie Sie das Team führen, sodass am Ende der Termin gehalten wird. Wir wollen Sie aber auch für die typischen Probleme und Tücken des Projektalltags sensibilisieren und Ihnen helfen, Ihre vielfältigen Aufgaben besser zu verstehen und zu meistern.

Im zweiten Teil „Training Projektmanagement" geben Ihnen zahlreiche Übungen Gelegenheit, Ihre Kenntnisse zu prüfen und zu vertiefen – anhand verschiedener Situationen aus dem Projektalltag. So können Sie sich optimal auf die Praxis vorbereiten. Damit Sie noch viele spannende Projekte auf die Erfolgsstraße bringen!

# Vor dem Projektstart

Wissen Sie, was Sie in einem Projekt erwartet? Und was von Ihnen als dessen Leiter erwartet wird?

In diesem Kapitel erfahren Sie,

- was Projekte so besonders macht (ab S. 10),
- welche Kompetenzen Sie als Projektleiter brauchen (ab S. 12) und welche Aufgaben Sie bewältigen müssen (ab S. 21) und
- mit welchen Fragen Sie sich auf ein konkretes Projekt vorbereiten können (ab S. 23).

# Warum Sie Projektmanagement brauchen

Vielleicht haben Sie sich schon einmal gefragt, warum Sie ein besonderes Management für Projekte brauchen.

## Beispiel

Stellen Sie sich vor, die Geschäftsführung beschließt, dass sich das Unternehmen auf mehr Messen als bisher präsentieren soll. Sie sollen die Sache in die Hand nehmen. „Wichtiges Projekt für uns", sagt Ihr Chef. „Sprechen Sie mal mit ein paar Kollegen vom Vertrieb." Das war's an Informationen.

Das war's? Nicht verzweifeln. So oder so ähnlich ist es schon vielen Projektleitern ergangen. So manches Projekt erscheint anfangs wie eine Black Box, oder noch schlimmer: Denn man weiß nicht einmal, womit man die Box füttern soll, damit am Schluss überhaupt etwas herauskommt. Weil so viele grundlegende Informationen fehlen. Oft ist auch völlig unklar, was der Auftraggeber eigentlich mit dem Projekt bezweckt.

Vorausgesetzt, Sie befinden sich einer entsprechenden Position, könnten Sie jetzt natürlich einfach ein, zwei Leute auf das Problem ansetzen und Vorschläge verlangen. Aber wird das dem Auftrag gerecht? Sie müssen mit Ihrem Chef noch einmal Rücksprache halten, dann die Aufgabe klar definieren und Ziele festlegen. Zur Unterstützung brauchen Sie tatsächlich die beiden Mitarbeiter, aber eigentlich müssten Sie diese erst von anderen Aufgaben loseisen. Und sollte nicht noch jemand vom Außendienst eingebunden werden?

Sie sehen: Projektmanagement bedeutet das strukturierte Vorgehen bei der Bewältigung von Komplexität. Was das genau heißt, das erklären wir im Folgenden.

## Was heißt: Management von Projekten?

Projekte sind etwas Besonderes. Es sind Aufgaben zu erledigen, die sich nicht mit den Routineabläufen bewältigen lassen. Etwa, weil noch nie ein vergleichbares Problem zu lösen war, die Sache unüberschaubar und kompliziert erscheint oder weil dazu Personen gebraucht werden, die vorher noch nichts oder nicht viel miteinander zu tun hatten.

### Beispiele

Meist sind es umfassendere, oft auch innovative Kundenaufträge, die zum Projekt erklärt werden. Doch Projekte müssen nicht zwangsweise mit einem externen Auftrag verbunden sein. Auch firmeninterne Innovationen wie die Einführung einer Workgroup-Software, die Ausweitung der Öffentlichkeitsarbeit auf das Internet, die Schaffung eines firmenübergreifenden Weiterbildungskonzepts sind Projekte.

Die Besonderheiten eines Projekts erfordern ein spezielles Führungskonzept. Und das bietet Projektmanagement. Es unterscheidet sich in so mancher Hinsicht von anderen Managementformen:

- Wer auch immer das Projekt leitet, muss den Überblick über eine komplexe Aufgabe bewahren und die üblichen Arbeits- und Problemlösungspfade verlassen.

- Es gilt, einen Arbeitsprozess zu koordinieren, an dem viele Personen beteiligt sind: Mitarbeiter aus unterschiedlichen Abteilungen mit verschiedenen Denkmustern und Interessen. Aber auch viele andere Leute haben Interesse am Projekt. Projektmanagement ist daher auch Beziehungsmanagement.
- Jemand muss das Projekt und seine Ergebnisse unternehmensintern verantworten und vertreten.

## Wann ist eine Aufgabe ein Projekt?

Doch wie wissen Sie, ob Sie einen Auftrag als Projekt behandeln sollen? In manchen Betrieben wird jeder Auftrag projektiert, der nur etwas von der Routine abweicht. In anderen Unternehmen hat man vielleicht noch nie Projekte durchgeführt.

> Machen Sie sich klar: Um ein Projekt handelt es sich dann, wenn Sie eine mehr oder weniger komplexe Aufgabe bewältigen müssen, die mit den bisherigen Strukturen, Methoden und Abläufen nicht effizient erledigt werden kann.

Die folgende Checkliste hilft bei der Entscheidung: Je mehr Fragen Sie bejahen, umso eher sollten Sie die Methoden des Projektmanagements einsetzen.

## Checkliste: Projektmanagement einsetzen?

| Trifft die Aussage zu? |
|---|
| Wir standen noch nie vor einer vergleichbaren Aufgabe. |
| Die Aufgabe/der Auftrag ist sehr komplex und/oder innovativ. |
| Es sind unterschiedliche Fachabteilungen betroffen. |
| Auch Externe arbeiten mit. |
| Für den Auftrag müssen eigens Mitarbeiter in Voll- oder Teilzeit abgestellt werden. |
| Es werden regelmäßige Besprechungen zwischen allen Beteiligten notwendig sein. |
| Der Auftrag sollte durch eine Führungskraft intensiv betreut werden. |
| Der Auftrag wird sich über einen längeren Zeitraum erstrecken. |
| Der Auftrag hat ein großes Zeitvolumen und/oder Budget. |
| Der Auftrag beinhaltet ein hohes finanzielles Risiko. |
| Von seiner erfolgreichen Ausführung hängt unternehmenspolitisch viel ab. |

# Was muss ein Projektleiter können?

Ein Projektleiter kann nicht so agieren wie eine Führungskraft der Linienhierarchie, die ihren festen Mitarbeiterstamm mit eingespielten Techniken führt. Im Projekt ist ein Team nur auf Zeit zusammengestellt, und die Aufgabe ist alles andere als Routine. Liegt es da nicht nahe, auf eine qualifizierte Person aus dem Fachbereich zurückgreifen, in dem das Projekt überwiegend bearbeitet wird? Eine Person mit der nötigen Fachkompetenz, die das Team als primus inter pares führt? Oder ist eine Führungskraft besser geeignet, weil sie über Managementerfahrung verfügt und täglich Mitarbeiter, Termine und Ressourcen koordiniert? Beides hat Für und Wider.

## Beispiele

Eine Business-Software für Handys soll entwickelt werden. Die Geschäftsführung der Handy-Technik GmbH sucht einen Leiter für das Projekt. Als Starprogrammierer des Unternehmens gilt Justus Abendbrod. Käme er nicht für die Aufgabe in Betracht? „Justus ist tatsächlich sehr kreativ", lautet die Einschätzung seines Vorgesetzten, „aber Teamgeist und Führungstalent sind ihm nicht in die Wiege gelegt."

Bertram Weiler ist Gruppenleiter im Bereich Business-Software. Er ist nicht nur fachlich kompetent, sondern erkennt auch schnell das Wesentliche und ist konzeptionsstark. Hinzu kommt, dass er ein akribischer Planer und optimal organisiert ist. Doch ihn will die Geschäftsführung nicht als Projektleiter. Es sollen nämlich zwei weitere Gruppenleiter ins Team, und Weiler gilt als durchsetzungsschwach. Zudem ist er bekannt dafür, Konflikte in seiner Gruppe unter den Teppich zu kehren.

Als letzte Möglichkeit bleibt ein externer Projektleiter, der unter Vertrag genommen wird. Er bringt für die Teamführung und Projektorganisation beste Voraussetzungen mit. Doch auch diese Besetzung kann Nachteile haben. Ein Patentrezept gibt es leider nicht. Folgende Tabelle gibt einen Überblick, was für oder gegen die Besetzungsalternativen spricht.

| Besetzung des Projektleiters | | |
|---|---|---|
| Projektleiter | Pro | Contra |
| Führungskraft | ressourcenbewusster Managementprofi mit Personalerfahrung, strategische Sicht auf Projekte, neutrale Position | „Superlösung" mit hohen Personalkosten, zu wenig teamorientiert, doppelt belastet Linie/Projekt |
| Mitarbeiter aus projektnahem Fachbereich | Sachkenntnis, Erfahrung in seinem Bereich, subjektiv am Projekt interessiert, immer greifbar | Bindung von Fachkapazität, Gefahr von zu fachlicher Sicht, Mauschelei oder Konkurrenzdenken |
| externer Projektleiter/ Berater | Projekterfahrung, terminbewusst, Erfahrungstransfer aus anderen Unternehmen, immer greifbar im Projekt, neutrale Position | sieht Projekt als Auftrag, zu wenig Identifikation mit Unternehmen, muss Vertrauen bei Mitarbeitern erst schaffen, nachher nicht mehr verfügbar |

## Auf diese Fähigkeiten kommt es an

Projektleiter müssen planerisch und organisatorisch fit sein – und wirtschaftlich denken können. Auch ein souveränes Auftreten und Durchsetzungsstärke sind nicht verkehrt. Doch zweifelsfrei sind neben diesen Managementqualifikationen auch Kenntnisse in der Mitarbeiterführung gefragt. Wer ein Projekt leiten will, sollte

- einen kooperativen Arbeitsstil besitzen,
- Menschen einschätzen, anleiten, integrieren, fördern, motivieren und fortbilden können,
- ihre Kreativität anstacheln und entsprechende Techniken vermitteln können,
- über Motivation und Durchsetzungsvermögen verfügen, um das Projekt – auch unternehmensintern – zu vertreten,
- diplomatisch geschickt agieren können und
- nicht in Konkurrenzmustern denken.

Es kann durchaus vorkommen, dass Sie, um Ihr Projekt voranzutreiben, einerseits das Team ständig motivieren, andererseits aber auch verantwortliche Leitstellen des Unternehmens von Ihren Plänen und Ihren Ergebnissen überzeugen müssen. Das bedeutet, Sie haben nicht nur interne, sondern auch projektexterne Hindernisse zu überwinden. Nach Einschätzung vieler Projektleiter ist die Fähigkeit, sein eigenes Projekt durchboxen zu können, sogar ausschlaggebend für dessen Erfolg.

> Tatsächlich scheitern viele Projekte nicht an inhaltlichen Schwierigkeiten, sondern an Krisen, die sich auf der Beziehungsebene abspielen. Hier sind die persönlichen Fähigkeiten (Soft Skills) des Projektleiters entscheidend.

### Beispiel

Wie gut, dass die neue Mitarbeiterin, Karen Münster, noch Kapazitäten frei hat. Sie ist erst neun Monate bei der Handy-Technik GmbH und hat sich schon als kreative Generalistin etabliert. Der Geschäftsführung ist aufgefallen, dass sie Probleme hervorragend strukturiert, mit externen Auftraggebern und Dienstleistern klar kommuniziert und von Kollegen wegen ihres konstruktiven Verhaltens geschätzt wird. Als weiteres Plus wertet die Geschäftsführung ihren Pragmatismus sowie ihr selbstsicheres Auftreten. Jetzt darf sie beweisen, ob sie auch Stehvermögen besitzt, wenn sie von ihren Kollegen Ergebnisse einfordern soll– denn sie wird mit der Leitung des Projekts betraut.

## Auf diese Befugnisse kommt es an

Die Rechte und Entscheidungsbefugnisse, die Sie als Projektleiter haben sollten, lassen sich folgendermaßen umreißen:

- fachliche Entscheidungs- und Weisungsbefugnis innerhalb der vorgegebenen Rahmenbedingungen,
- finanzielle und je nach Projektorganisation auch disziplinarische Befugnisse,
- Forderungsrecht gegenüber beteiligten Fachabteilungen (Personal, Information).

## Kooperation geht nur über Information

Als Projektleiter stehen Sie aber nicht allein auf weiter Flur. Gibt es einen Lenkungsausschuss (siehe S. 43) für das Projekt, dann werden Sie eng mit diesem zusammenarbeiten. Er muss z. B. über Ergebnisse informiert werden. Er entlastet Sie jedoch auch, indem er Ihre Entscheidungen absegnet. Wenn der Lenkungsausschuss Ihre Entscheidungsvorlagen verabschiedet, trägt er auch die weitere Verantwortung dafür mit. Dann sollten Sie sich nicht scheuen, bei Problemen auf seine Unterstützung zurückzugreifen.

Optimal arbeiten Sie mit Ihnen vorgeschalteten Stellen zusammen, wenn Sie eine offene Politik betreiben. Die Personen, die für Sie wichtig sind, müssen Sie zielgruppengerecht informieren; dann bekommen Sie in heiklen Situationen auch Rückendeckung. Kommunikation ist also eine wichtige Aufgabe, damit Sie frei agieren können.

Klären Sie,

- an wen Sie welche Informationen weitergeben müssen,
- wie viel Einfluss der Lenkungsausschuss oder andere Projektmanagement-Stellen haben (siehe S. 43),
- wer auf Ihrer Seite steht (Stakeholder, siehe S. 37),
- wann Sie mit wem welche Arbeitsergebnisse abstimmen müssen,
- wann Sie das Management über Abweichungen informieren müssen und wer Änderungen genehmigt.

## Das richtige Zeitmanagement

Um Ihre Aufgaben gut erfüllen zu können, brauchen Sie nicht nur Unterstützung von anderen Stellen, sondern auch Zeit. So sollte Ihr Zeitmanagement etwa aussehen:

- 30 % für Projektplanung und Überwachung,
- 25 % für Koordination des Projektteams,
- 20 % für Koordination der beteiligten Fachbereiche,
- 10 % für die Kommunikation mit Vorgesetzten,
- 15 % für Administration.

> Wenn nach Projektstart die Planungsaufgaben weniger werden, müssen Sie mindestens 20 Prozent Ihrer Kapazität für die Überwachung und Steuerung freihalten.

## Schätzen Sie Ihre Fähigkeiten ein

In einem Anforderungsprofil an Projektleiter finden Sie Begriffe wie Fach- und Methodenkompetenz, Analysefähigkeit, Problem- und Ergebnisorientierung, Handlungsorientierung und Lernbereitschaft, Begeisterungsfähigkeit, Konfliktfähigkeit und Teamorientierung und andere mehr. Lassen Sie sich von der Fülle der fachlichen wie persönlichen Anforderungen nicht einschüchtern. Sie können nicht auf allen Gebieten top sein. Aber Ihre Stärken sollten Sie ausbauen – und an Ihren Schwächen gezielt arbeiten. Die folgende Checkliste hilft Ihnen bei der Selbsteinschätzung.

## Checkliste: Selbsteinschätzung Projektleiter

| | ja | teilweise | nein |
|---|---|---|---|
| Sind Sie neugierig? | | | |
| Sind Sie generell zuversichtlich, wenn Sie neue Aufgaben angehen? | | | |
| Sind Sie eher ein Generalist? | | | |
| Strukturieren Sie Ihre Aufgaben durch Planung und Organisation? Können Sie trotzdem auch improvisieren? | | | |
| Fällt es Ihnen leicht, komplexe Zusammenhänge zu erkennen, behalten Sie die Übersicht und können Sie auch indirekte, weitläufige Konsequenzen erkennen? | | | |
| Haben Sie ein Gespür für wirtschaftliche Chancen und Risiken? | | | |
| Konzentrieren Sie sich in Problemsituationen mehr auf die Suche von Lösungen als auf Schuldzuweisungen? | | | |
| Halten Sie sich für risikobereit und entscheidungswillig? | | | |
| Haben Sie den Mut, ein unwirtschaftliches Projekt abzubrechen? | | | |
| Agieren Sie lieber, bevor Sie in Zugzwang geraten? | | | |

| | ja | teil-weise | nein |
|---|---|---|---|
| Entwickeln Sie Lösungen, bevor Sie jemand danach fragt? | | | |
| Sind Sie ausdauernd und beständig? | | | |
| Behalten Sie Ihre Ziele im Auge? | | | |
| Können Sie Stresssituationen aushalten? | | | |
| Können Sie Misserfolge verkraften? | | | |
| Sind Sie fähig zur Selbstkritik, können Sie aus Fehlern lernen? | | | |
| Können Sie andere überzeugen? | | | |
| Arbeiten Sie gern in der Gruppe? | | | |
| Haben Sie weder soziale Ängste noch Scheu vor Kollegen? | | | |
| Können Sie mit Autoritäten souverän umgehen? | | | |
| Können Sie Impulse anderer aufnehmen und umsetzen? | | | |
| Haben Sie ein Gespür für die Interessen anderer? | | | |
| Loben Sie andere für ihre Leistungen? | | | |
| Erkennen Sie Stärken und Schwächen bei anderen? | | | |
| Sprechen Sie Konflikte offen an? | | | |

## Soll ich das Projekt wirklich übernehmen?

Ihnen wurde ein Projekt angetragen, und Sie sind noch nicht sicher, ob Sie es annehmen wollen? Hierzu noch einige Tipps:

- Methodenkenntnisse zum Projektmanagement sind wichtig, und wenn Sie Zeit haben, sollten Sie hier sich in Seminaren oder Schulungen weiterbilden. Manches können Sie sich auch anlesen. Lernen werden Sie letztlich aber am meisten durch Ihre Erfahrungen in der Projektpraxis.
- Denken Sie daran, dass Sie auch von anderen lernen können. Sprechen Sie mit Projektleitern über deren Erfahrungen, lassen Sie sich Tipps über Methoden und Techniken geben, schauen Sie Kollegen über die Schulter oder nehmen Sie sich einen spezialisierten Coach.
- Lassen Sie sich niemals ein Projekt aufdrängen, das Ihnen eine Nummer zu groß erscheint, Ihnen nicht sinnvoll vorkommt oder Ihnen aus anderen Gründen nicht zusagt.
- Schätzen Sie die Rahmenbedingungen möglichst früh ein. Sammeln Sie im Vorfeld viele Informationen und Meinungen über das Projekt. Versuchen Sie dabei, einen Blick hinter die Kulissen zu werfen: Womöglich gibt es Schwierigkeiten mit dem Auftraggeber oder das Projekt ist eine rein politische Entscheidung. Vielleicht gab es auch im Vorfeld schon Differenzen oder das Projekt wird gegen die Interessen der Beteiligten durchgeboxt und Sie stehen dann vor einer unmotivierten Mannschaft.

# Was muss ein Projektleiter leisten?

Im Verlauf des Projekts werden Sie unterschiedliche Schwerpunkte in Ihren Aufgaben erkennen:

1 **Vorbereitende Aufgaben bzw. Projektinitialisierung**: Vor dem eigentlichen Projektstart gibt es meist einige Dinge zu klären. Hier kümmern Sie sich z. B. um die Finanzierung, legen die Organisationsform fest, stimmen sich mit dem Auftraggeber über Inhalte ab (Lastenheft, Auftragsbeschreibung), legen die Ziele des Projekts fest.

2 **Projektplanung**: Die Arbeit am Projekt selbst beginnt für Sie damit, dass Sie es inhaltlich gliedern, Aufwand bzw. Kapazitäten, Termine und Kosten planen, Aufgaben verteilen, Meilensteine bzw. Zwischentermine festlegen. Kurz: Sie strukturieren das Projekt, legen die Rahmenbedingungen, auf die Sie Einfluss haben, fest und planen seinen Verlauf – zunächst grob, dann so detailliert wie möglich. Einige dieser Aufgaben sollten Sie mit dem Team angehen, das Sie z. B. im Rahmen eines Kick-off-Meetings (siehe S. 91) erstmals zusammenbringen.

3 **Projektsteuerung**: Während der gesamten Laufzeit gilt es, Ihr Projekt mit den geeigneten Instrumenten im Griff zu behalten. Dazu sollten Sie immer wieder Ist-Daten ermitteln, die Sie den Daten Ihrer Planung gegenüberstellen. Sie lassen sich von den Teammitgliedern berichten, veranstalten regelmäßig Teamsitzungen. Es kommt jetzt also besonders auf Ihre Führungsqualitäten an.

4 **Projektcontrolling**: Sie müssen regelmäßig Bilanz über den Projektverlauf ziehen, um bei unerwünschten Entwicklungen (z. B. Budgetüberschreitung) korrigierend eingreifen zu können. Wichtig sind hier v. a. Informationsaustausch und Abstimmung zwischen allen Betroffenen und Verantwortlichen.

5 **Qualitätssicherung**: Projekte brauchen ein gewisses Maß an Qualitätsmanagement. Auch wenn Sie die praktische Umsetzung in der Regel delegieren werden, gilt: Als Projektleiter sind Sie für die Einhaltung der Qualität verantwortlich.

6 **Projektabschluss**: Vor dem Ende des Projekts steht die Übergabe an bzw. Abnahme durch den Auftraggeber; vielleicht sind noch abschließende Korrekturen zu erledigen oder Sie müssen das Ergebnis bei der Zielgruppe einführen. Wenn alles gelaufen ist, können Sie ein Review durchführen und mit Ihrem Team den Projektabschluss feiern.

In der Literatur wird oft von Projektphasen gesprochen. Diese sollten Sie sich jedoch nicht so vorstellen, dass Sie einem strengen Projektablauf folgen müssen. Manchmal fehlt ein klarer Starttermin. Vorbereitung und Planung können ineinander übergehen, planende Aktivitäten fallen auch während der Durchführung an, Kontrollen auch nach dem Projekt.

# Checkliste: Worauf achten im Projektmanagement?

Die folgende Checkliste beinhaltet die wichtigsten Fragen für Ihre Vorbreitung auf ein Projekt oder für die Überprüfung Ihrer eigenen Arbeit während des Projekts. Die einzelnen Punkte erläutern wir detailliert weiter hinten im Buch.

## Checkliste: Projektmanagement

### 1 Projekt managen und organisieren

- Wie organisieren Sie das Projekt?
- Welchen Stellenwert hat es im Unternehmen?
- Wie wird die Verantwortung für das Projekt aufgeteilt?
- Sind Ihre Kompetenzen klar definiert?
- Steht Ihnen genügend Zeit zur Verfügung, um ihre Aufgaben als Projektleiter wahrzunehmen?

### 2 Projektziele festlegen

- Welchen Nutzen soll das Projekt haben? Wo liegt die Motivation für das Projekt?
- Haben Sie alle Ziele für das Ergebnis und die Rahmenbedingungen festgehalten?
- Sind die Ziele mit dem Auftraggeber abgestimmt?
- Sind die Ziele klar, realistisch, konkret, messbar und mit Terminen verbunden?

## 3 Projekt starten

- Sind die formalen Voraussetzungen erfüllt (z. B. Budgetfreigabe)?
- Haben Sie alle Stakeholder berücksichtigt? Wissen Sie, wie Sie mit Widerständen umgehen?
- Haben Sie die Risiken analysiert, Vorsichtsmaßnahmen ergriffen bzw. Notfallpläne erstellt?
- Haben Sie Bedingungen für den Informationsaustausch und die Projektdokumentation festgelegt?

## 4 Projekt planen

- Wer ist an der Planung zu beteiligen, wer zu informieren?
- Haben Sie Ihr Projekt inhaltlich strukturiert und daraus Abläufe und Termine abgeleitet?
- Haben Sie den Aufwand geschätzt und die Kosten kalkuliert bzw. Ressourcen geplant?
- Steht genug Personal zur Verfügung? Reichen die finanziellen Mittel aus?
- Sind die Termine realistisch? Haben Sie Puffer eingeplant?

## 5 Team zusammenstellen

- Welche fachlichen und persönlichen Kompetenzen werden benötigt? Brauchen Sie externe Mitarbeiter?
- Sind Teilprojekte sinnvoll?
- Ist für die Aufgabe ein eingespieltes Team nötig, das schnell und unabhängig agieren kann?
- Ist destruktives Konfliktpotenzial in der Gruppe ausgeschlossen?

## 6 Projekt steuern

- Wann werden erste Teilergebnisse benötigt?
- Wer muss über Ergebnisse und die nächsten Termine informiert werden?
- Mit welchen Methoden und Maßstäben werden Teilziele überprüft?
- Haben Sie für eine sinnvolle Dokumentation gesorgt?

## 7 Mit dem Team arbeiten

- Ist das Team motiviert? Wissen Sie, welche „Motivationshebel" Sie bei Einzelnen ansetzen können?
- Haben Sie für jedes Teammitglied eine Rolle definiert?
- Herrscht Konsens über Ziele, Vorgehen, Teamregeln und Rollen? Übernehmen die Mitglieder wechselseitig Verantwortung?
- Muss das Team weiterentwickelt werden? Wenn ja, welche Maßnahmen sind zu ergreifen?

## 8 Projektcontrolling

- Halten Sie die Vorgaben ein (Kosten, Termine / Meilensteine, Qualitätsanforderungen)? Wenn nicht:
- Muss im Team etwas verändert werden? Können Sie Zielvorgaben ändern? Ist die Änderungsplanung jetzt realistisch?
- Wer muss wann über die Änderungen informiert werden?
- Kann das Projektziel noch erreicht werden?
- Lohnt sich das Projekt noch?

## 9 Das Projekt abschließen

- Ist das Projekt ordentlich übergeben worden?
- Wer muss über die Ergebnisse informiert werden?
- Wer erstellt einen Projektbericht?
- Wurden die Ziele erreicht? Wenn nicht, woran lag es?
- Was lernen Sie daraus?

# Das Projekt vorbereiten

Sie haben bisher Grundlegendes über Projekte erfahren. Nun gilt es, Ihr Projekt startklar zu bekommen.

Im folgenden Kapitel lesen Sie, wie Sie

- die Ziele des Projekts definieren (ab S. 29),
- die Risiken des Projekts abschätzen (ab S. 32) und sich über die verschiedenen Interessen anderer Klarheit verschaffen (ab S. 37),
- die Projektarbeit sinnvoll organisieren (ab S. 41).

# Ziele festschreiben

Mit jedem Projekt werden Ziele verfolgt. Diese hängen nicht im luftleeren Raum, sondern sind einerseits bei jedem Projekt aus den grundlegende Konstanten des Projektmanagements abzuleiten, andererseits – bei jedem einzelnen Projekt – in einen übergeordneten, strategischen Zusammenhang bei Ihrem Auftraggeber oder Kunden eingebettet.

## Das magische Dreieck

Bei allen Projekten gibt es drei grundlegende Ziele, für die Sie verantwortlich sind:

- Kosten: Sie müssen das Budget einhalten.
- Termin: Sie müssen einen bestimmten Zeitraum einhalten.
- Qualität: Sie müssen die geforderte Qualität liefern.

Diese drei Ziele bilden das berühmte magische Dreieck des Projektmanagements:

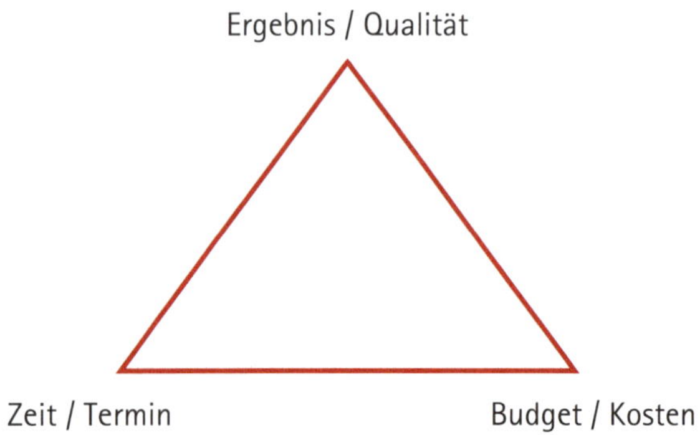

Wird eines dieser Ziele gefährdet, wirkt sich das auch auf die anderen aus. Diese Abhängigkeit bedeutet für die Projektpraxis: Sie brauchen eine Planung, die den Projektablauf mit Termin- und Ressourcenplanung vernetzt. Außerdem benötigen Sie entsprechend verzahnte Steuerungs- und Kontrollmechanismen, um auf Abweichungen flexibel reagieren zu können – ohne dass eines der Hauptziele vernachlässigt wird.

## Klären Sie die Ziele

Selbst, wenn die Projektaufgabe als Ganzes klar ist, sind einzelne Ziele in der Regel noch vage. Die Zieldefinition ist nicht nur für Sie notwendig, sondern auch für die Kommunikation mit den Stakeholdern (siehe S. 43). Zudem müssen alle, die im Projekt mitarbeiten, später in die gleiche Richtung marschieren, was ohne klare Ziele schwierig wird.

Drei Gruppen von Zielen spielen hier eine Rolle:

- die Sachziele des Projekts, d. h. die Anforderungen an die Sachleistung: Funktion, Leistung, Qualität;
- die Abwicklungsziele, d. h. die Anforderungen an den Weg: Termine, Finanzierung, Aufwand/Kosten, Transparenz, Ablauf/Meilensteine, Ressourceneinsatz;
- die Rand- und Rahmenbedingungen, d. h. die Einflussfaktoren von außen: Kapazität, Konventionen, Gesetze, Normen, Richtlinien, Umweltschutz usw.

## Beispiele

**Sachziele können Sie folgendermaßen erfragen:**

Was genau soll das Produkt /das Ergebnis können?
Was muss das Produkt /das Ergebnis unbedingt können?
Was muss es nicht unbedingt können, wünschen Sie sich aber?
Was genau machen Sie mit dem Produkt / dem Ergebnis?
Wozu soll das Produkt / das Ergebnis dienen?
Wer soll das Produkt/die Anlage/das Ergebnis benutzen?

**Nach Abwicklungszielen fragen Sie z. B.:**

Wann soll das Produkt / das Ergebnis fertig sein?
Welchen Preis stellen Sie sich vor?

**Nach Rahmen- und Randbedingungen fragen Sie z. B.:**

Müssen (gesetzliche, gesellschaftliche usw.) Rahmen- bzw. Randbedingungen beachtet werden?
Welche Erfahrungen haben Sie/hat der Anwender bereits auf diesem Gebiet?
Was möchten Sie auf jeden Fall vermeiden?
Was soll unbedingt erhalten bleiben?

# Ziele formulieren und abstimmen

- Definieren Sie alle Ziele vollständig, indem Sie den erwünschten Zustand klar und prägnant beschreiben.
- Die Ziele müssen messbar sein, sodass sich am Projektende oder zwischendurch in Evaluierungs- bzw. Übernahmeprozeduren feststellen lässt, ob sie erreicht wurden.
- Einzelne Ziele dürfen sich nicht widersprechen.
- Die Ziele dürfen zwar anspruchsvoll, müssen aber auch realistisch sein.
- Der Zeitpunkt der Zielerreichung muss definiert sein.

Für die Überprüfung der Zieldefinition eignet sich die bekannte SMART-Formel: Sind die Ziele **s**pezifisch (konkret), **m**essbar, **a**nspruchsvoll, **r**ealistisch, **t**erminiert?

## Beispiel

Ein klares Ziel Ihres Messeprojekts könnte lauten: Im nächsten Geschäftsjahr ist das Unternehmen auf 5 inländischen und 10 ausländischen Messen präsent.

Halten Sie die Ziele zusammen mit den Terminen fest, am besten in einem Zielkatalog. Dann sprechen Sie diese Ziele mit Ihrem Vorgesetzten bzw. anderen Projektverantwortlichen ab – zum Schluss steht eine klare, abgestimmte Zieldefinition, die Sie dann im Kick-Off-Meeting Ihrem Team darlegen. Es dürfen keine Missverständnisse entstehen – und vor allem sollen sich alle mit den Zielen identifizieren können. Denken Sie daran, die Ziele auch während des Projektablaufs immer wieder kritisch zu überprüfen und, falls erforderlich, an veränderte Bedingungen anzupassen.

## Das Lastenheft

Insbesondere bei größeren Projekten werden die vereinbarten Ziele und die Wünsche des Auftraggebers / Kunden – detailliert – in einem sog. Lastenheft festgehalten, das Teil der Vereinbarung zwischen Auftraggeber und Auftragnehmer ist.

# Sich auf Risiken einstellen

Als Projektleiter müssen Sie mit besonderen Problemen rechnen, die aufgrund des innovativen Charakters eines Projekts, der vielen Beteiligten und der komplexen Aufgabe in der Natur der Sache liegen. Doch werden Ihnen auch Schwierigkeiten begegnen, die Sie vom normalen Arbeitsalltag her kennen: Konflikte zwischen Mitarbeitern, Konkurrenz oder ein Auftraggeber, der nicht immer berechenbar ist.

## Beispiele

Der Auftrag lautet: Entwicklung einer Zielgruppen-Webseite. Erst nach und nach wird deutlich, dass der Kunde sich ein komplexes Portal vorgestellt hat und Sie das nicht erkannt haben. Das Projekt verfügt über zu knappe Ressourcen, wird immer teurer und der Endtermin ist sowieso nicht zu halten. Und das müssen Sie jetzt Ihrem Kunden erklären.

Öffentlicher Auftrag, eine neue Technik soll entwickelt werden. Mit der Bewerbung hat die Geschäftsführung dem vorgegebenen Termin zugestimmt, obwohl niemand wirklich weiß, ob das wirklich in dem verlangten Zeitraum zu leisten ist.

Ihr Team hat lange an einem umfangreichen Werbekonzept getüftelt. Vor der Umsetzung zieht man Ihren besten Texter für ein anderes Projekt ab.

Ihr Projekt ist unternehmenspolitisch umstritten. Verschiedene Abteilungen wollen ihr eigenes Süppchen kochen. Sie als Projektleiter werden zwischen den Fronten aufgerieben.

Ihr Projekt hat Priorität A, Sie stehen enorm unter Erfolgsdruck. Ein aufreibender Konflikt in Ihrem Team raubt Ihnen endgültig den Schlaf. Scheitert Ihr Projekt, droht Ihnen ein Karriereknick.

# Diese Risiken sollten Sie kennen

## Risiko Planungsunsicherheit

In einem Projekt definieren Sie zwar zu Beginn klare Ziele und erstellen Termin-, Kapazitäten- und Kostenpläne (ab S. 63). Aber das heißt nicht, dass Sie wirklich *wissen*, was im Einzelnen passieren wird. Im Verlauf des Projekts werden Sie immer wieder mit unbekannten Variablen konfrontiert, auf die Sie flexibel reagieren müssen.

### Beispiel

Mitten im Business-Software-Projekt der Handy-Technik GmbH soll aus unternehmenspolitischen Gründen Jeff Muller, der Assistent der Geschäftsführung, eingebunden werden. Der hat ganz andere Vorstellungen, wie die Probleme zu lösen sind, als das inzwischen gut eingespielte Team von Karen Münster.

## Risiko Kostenexplosion

Viele Projekte sind mit hohen Investitionen verbunden. Oft werden sie sogar teurer, als zu Beginn veranschlagt wurde. Scheitert ein Projekt dann, bedeutet das in jedem Fall einen hohen Verlust für das Unternehmen.

### Beispiel

Faktoren wie eine innovative Entwicklung, die Anwendung einer noch unausgereiften Technik, Einstellung neuen Personals oder Kosten für eine externe Beratung vermehren die finanziellen Risiken.

Kein Unternehmen wird weiter in ein unrentables Projekt investieren. Daher müssen Sie immer mit einem begrenzten personellen und finanziellen Rahmen auskommen – und Sie unterliegen einer Kosten- und Erfolgskontrolle.

## Risiko Zusammenarbeit

### Beispiel

Fähige Mitarbeiter sind inzwischen in das Projekt „Alpha" der Handy-Technik GmbH eingebunden, dazu der Geschäftsführer der Werbeagentur und einige freie Ingenieure. Doch die Chemie im Team stimmt einfach nicht. Vor allem die Meinungsverschiedenheiten zwischen der Marketingfraktion und einigen Entwicklern gestalten die Projektarbeit immer zäher. Zwar können sich die kreativen Ergebnisse sehen lassen, doch es ist nur eine Frage der Zeit, wann eine Seite blockieren wird.

Sind die Teammitglieder nicht auf das gemeinsame Ziel eingeschworen, schaffen sie nicht den Sprung zur effizienten Zusammenarbeit, wird dies den Projektfortschritt erheblich behindern. In Projekten ist ohnehin mehr Anstrengung und Kreativität von den Beteiligten gefordert als bei der täglichen Routinearbeit. Gerade die fachübergreifende Teamarbeit bietet dabei die Chance, dass Probleme erstmals definiert oder anders beurteilt werden – und damit Neues entsteht.

### Beispiel

Ob ein Streichquartett gut zusammen klingt, hängt nicht allein vom technischen Können jedes Einzelnen ab. Jeder wird im Verlauf der Proben seine Auffassung vom Musikstück einbringen und doch immer auf die anderen hören. So entsteht ein für das Ensemble typischer Klang.

## Risiken managen

Auch wenn Sie nicht alles in der Hand haben, können Sie einem negativen Projektverlauf vorbeugen, indem Sie Risiken managen. Das bedeutet: Sie müssen sich die möglichen Risiken bewusst machen, sie richtig einschätzen und dann sinnvolle Maßnahmen ableiten, um ihre Eintrittswahrscheinlichkeit zu minimieren. Gehen Sie einfach Schritt für Schritt vor:

**Leitfaden: Risiken managen**

1 Risiken aufspüren: Sammeln Sie die Risiken im Team: Was kann alles schiefgehen? Was wäre der Worst Case? Vielleicht existieren Risikochecklisten in Ihrem Unternehmen, die Sie heranziehen können.

2 Risiken einordnen und bewerten: Nicht jedes Risiko gefährdet das Projekt gleichermaßen. Priorisieren Sie daher alle Risiken, z. B. mittels einer Bewertungsmatrix (siehe nächste Seite).

3 Maßnahmen ableiten (Risikovorsorge): Treffen Sie Vorkehrungen, um gefährliche Risiken zu minimieren (siehe Grafik: Risiko A und Risiko B). Stellen Sie Notfallpläne auf, entwickeln Sie alternative Szenarien, raten Sie im schlimmsten Fall vom Projekt ab.

4 Kommunizieren Sie das Ergebnis Ihrer Risikoanalyse an den Auftraggeber. Nehmen Sie die Risiken in den Projektauftrag (s. S. 60) auf. Wenn Sie zum Schluss kommen, dass das Projekt insgesamt sehr riskant ist, müssen Sie sich gegen ein Scheitern absichern.

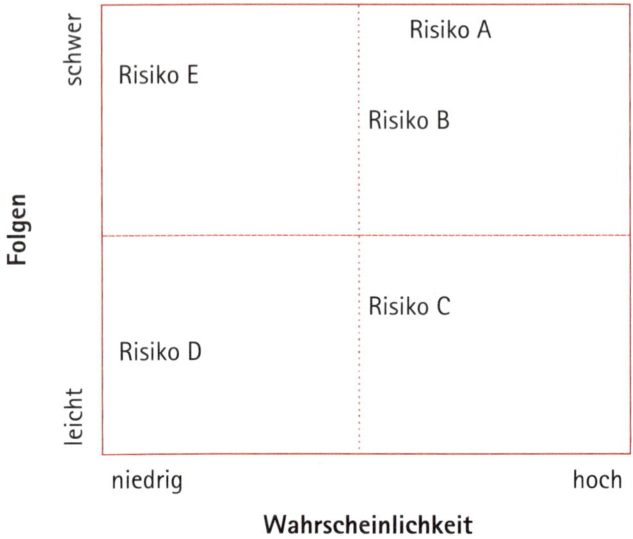


*Abbildung: Risiko-Bewertungsmatrix*

# Mit einflussreichen Personen rechnen

Wissen Sie eigentlich, wer vor und hinter den Kulissen bei Ihrem Projekt mitmischt? Schätzen Sie die Macht der Beteiligten richtig ein? Wer immer mit Ihrem Projekt direkt oder indirekt zu tun hat – Sie sollten diese Personen oder Personengruppen identifizieren. Das sind die Stakeholder Ihres Projekts. Und wenn sie Einfluss ausüben, ohne dass Sie darauf wiederum Einfluss haben, kann das schlecht für Sie sein.

### Beispiel

Den Auftraggeber, den Lenkungsausschuss, die Kunden und alle Ihre Teammitglieder können Sie im Prinzip als Stakeholder betrachten. Aber auch den Leiter der Marketingabteilung, von dem Sie einen Mitarbeiter „ausleihen" müssen, sowie die Zielgruppe, für die das Projektergebnis bestimmt ist.

Nicht alle Stakeholder sind allerdings gleich wichtig, und die wenigsten werden problematisch sein. Aber Sie sollten trotzdem im Vorfeld wissen, auf wen Sie Rücksicht nehmen müssen, um vor bösen Überraschungen gefeit zu sein.

## Analysieren Sie den Einfluss der Beteiligten

Mit der Stakeholderanalyse können Sie genau klären, welche Gruppen oder Personen welchen Einfluss auf das Projekt ausüben und welche Einstellung sie dem Projekt oder Ihnen als Projektleiter gegenüber haben. Aus diesen Erkenntnissen leiten Sie dann ab, ob Sie sich in bestimmter Weise um die Personen oder Gruppen kümmern müssen.

## Beispiel

Hohen Einfluss und großes Interesse am Projekt hat naturgemäß der Auftraggeber. Für Sie bedeutet das: Eine enge Zusammenarbeit und optimale Kommunikation sind Pflicht. Mitarbeiter, die mit dem Ergebnis eines Projekts (z. B. einem neuen Intranet-Feature) arbeiten müssen, sind wie Endkunden für Sie. Sie sollten Sie keinesfalls übergehen. Klären Sie hier Bedarf und Wünsche, räumen Sie Vorbehalte aus. Andere Projektleiter oder Führungskräfte könnten mit Ihnen um Ressourcen konkurrieren. Überzeugen Sie sie vom Sinn und Zweck des Projekts; vielleicht hat es auch für sie einen Nutzen.

Von folgenden Fragen können Sie sich bei Ihrer Stakeholderanalyse leiten lassen:

- Wer bestimmt die Rahmenbedingungen des Projekts? Von wem hängt der Erfolg ab? Wer ist vom Ergebnis betroffen? Für wen könnte das Projekt einen besonderen Nutzen haben?
- Wen müssen Sie mit besonderen Maßnahmen einbeziehen? Wer ist regelmäßig zu informieren? Wen müssen Sie überzeugen?
- Wer kann dem Projekt schaden, weil er negativ eingestellt ist? Wer fördert das Projekt?
- Wo können Sie persönlich auf Unterstützung hoffen?

Bedenken Sie, dass womöglich auch Personen, die nicht offensichtlich involviert sind, Interesse an einem bestimmten

Verlauf des Projekts haben könnten. Auch über verdeckte Wege lässt sich Einfluss ausüben! Als Projektleiter müssen Sie lernen, verschiedene Interessen, auch im weiteren Projektumfeld zu integrieren.

## Beispiel

Beim Projekt „Alpha" ist der Marketingleiter nicht direkt eingebunden, hat aber seinen Mitarbeiter Michi Schmid ins Projekt entsandt. Der Projektleiter bekommt schon im Vorfeld zu spüren, wie der Marketingleiter über Schmid Einfluss zu nehmen versucht.

Beispiel für Stakeholderanalyse für Projekt „Alpha":

| Stakeholder | Einstellung | Einfluss | Maßnahme |
|---|---|---|---|
| Auftraggeber | positiv | hoch | enge Abstimmung |
| Geschäftsführung | positiv, großes Interesse am Ergebnis | hoch | konzentriertes Reporting (Meilensteine) |
| Zielgruppe (Endergebnis) | negativ, Widerstände | begrenzt | Akzeptanz schaffen, Bedarfsabfrage |
| eigener Vorgesetzter | positiv | hoch | mehr Unterstützung anfragen |
| Abteilungsleiter | Vorbehalte | mittel (indirekt!) | für Projekt gewinnen |

## Was bringt die Stakeholderanalyse?

Nur wenn Sie wissen, wie sich die beteiligten Menschen zu Ihrem Projekt verhalten und warum dies so ist, können Sie auch effektiv gegensteuern.

- Sie müssen sich als Projektleiter als eine Art Projektmarketer begreifen, der sein Projekt nach innen und außen zu vertreten hat und Akzeptanz dafür schaffen muss.
- Womöglich sind Sie bereits jetzt auf offene Widerstände gegen Ihr Projekt gestoßen. Je eher Sie Vorbehalte ausräumen, umso weniger Konflikte riskieren Sie.
- Wenn es Probleme gibt, können Sie Rückendeckung von höherer Stelle gut gebrauchen. Dafür benötigen Sie eine Person mit Einfluss, die Ihrem Projekt wohlgesonnen ist. Sich vor dem Projektstart bei dieser rückzuversichern, wann und in welcher Form Sie auf sie zugehen können, lässt Sie besser schlafen.

### Beispiel

Der Projektleiter weiß, wie eitel der Marketingleiter ist. Also beschließt er, den Kollegen elegant einzubinden: Als Experte soll er zu bestimmten Problemen eine Einschätzung abgeben. Damit erhält er eine sinnvolle Rolle im Projekt, die hoffentlich positive Auswirkungen auf seine Einstellung hat.

Mit der Stakeholderanalyse sparen Sie eine Menge Zeit und Nerven. Nicht nur, weil Sie die Kommunikation mit den Betroffenen von Beginn an zielgerichtet gestalten. Gerade in der Phase der Projektdurchführung es ist entlastend, wenn Sie keine Grundsatzdiskussionen mehr führen müssen.

# Das Projekt organisieren

Die Mitarbeiter sollen ihre Projektaufgaben kreativ und effektiv erledigen können. Jemand muss die Zusammenarbeit koordinieren, die Aufgaben und Ressourcen verteilen. Und es muss jemanden geben, der bei Problemen Entscheidungen herbeiführt oder selbst trifft. Das bedeutet: Projekte brauchen eine Organisationsstruktur. Bei der Projektorganisation geht es nicht nur um das Verhältnis zwischen Team und Leitung, sondern auch darum, wie sich das Projekt in die Unternehmensstruktur eingliedert, wer wozu befugt ist und die Verantwortung trägt.

## Das richtige Maß finden

Mit der Projektorganisation sollten Sie immer das Ziel verfolgen, eigene Verantwortungsbereiche und Kompetenzen für das Projekt zu schaffen. Nur so haben Sie den nötigen Handlungsspielraum für eine effektive Steuerung und Kontrolle, können Entscheidungen schneller treffen und auf Fehler oder Krisen unmittelbar reagieren – und das spart Zeit und Kosten. Die Projektorganisation hat schließlich auch zum Ziel, dass Linienstellen nicht zusätzlich belastet werden. Organisatorische Fragen sollten Sie nicht unterschätzen. Denn wenn Kompetenzen, Zuständigkeiten Verantwortlichkeiten und Pflichten nicht eindeutig geregelt werden, sind Konflikte vorprogrammiert.

### Beispiel

Wenn Konflikte im Projekt über die Linien-Hierarchien ausgetragen werden, haben Sie auf die Entwicklung kaum mehr Einfluss – außer, Sie haben selbst eine entsprechend einflussreiche Position inne.

Nun kann man bei der Organisation auch über das Ziel hinausschießen, was im Ergebnis in einem Bürokratie-Überhang mündet. Bevor Sie sich für eine bestimmte Organisationsform entscheiden, sollten Sie bedenken:

- Zu enge organisatorische Vorgaben können im Team auf Widerstand stoßen. Schließlich handelt es sich um ein innovatives Vorhaben, das von den Mitarbeitern viel Eigeninitiative und neue Ideen, also ihr Kreativitätspotenzial fordert. Allzu starre Reglementierungen behindern jedoch kreatives Denken.
- Andererseits: Wenn sich ein Team in Teilen selbst organisieren muss, ist dies eine häufige Ursache für das Scheitern von Projekten. Daher darf der Rahmen auch nicht zu weit gesteckt sein. Sind z. B. Verantwortungsbereiche nicht klar abgegrenzt, ist mit sachlichen und emotionalen Konflikten zu rechnen.
- Das Maß an Organisation muss dem Volumen des Projekts auch angemessen sein.

## Welche Projektinstanzen gibt es?

Als Projektleiter haben Sie, wie der Name schon sagt, das Projekt eigenverantwortlich zu leiten; dabei sind Sie insbesondere für die Planung bzw. Ausgestaltung und Steuerung zuständig.

Je nach Größe des Projekts, je nach Anzahl der laufenden Projekte im Unternehmen und je nachdem, wie stark dort die Projektkultur ausgeprägt ist, haben Sie mehr oder auch weniger Kompetenzen. Oft verteilt sich die Verantwortung für das Projekt auf mehrere Schultern. Projektmanager sind Sie dann, wenn Sie auch die personelle und wirtschaftliche Verantwortung tragen.

### Beispiel

In Software-Projekten ist es nicht unüblich, neben dem zuständigen Projektmanager einen technischen Projektleiter zu bestimmen, der für die Feinjustierung von Terminen, Inhalten und Aufgaben zuständig ist, aber das Budget nicht verantwortet. Oft gibt es auch einen kaufmännischen Projektleiter.

Mit folgenden übergeordneten Instanzen haben Sie es in der Regel zu tun:

- **Der Lenkungsausschuss:** Dieser temporäre, projektbegleitende Ausschuss ist dem Projektleiter und seiner Gruppe in manchen Projekten / Unternehmen vorgeschaltet. Er initiiert, leitet und überwacht die Projektaktivitäten, genehmigt z. B. das Budget, ernennt und unterstützt den Projektleiter, kontrolliert die Ergebnisse und trägt die Verantwortung bei der Personalauswahl.
- **Der Fachausschuss:** Ein Gremium, das überwiegend beratende und unterstützende Funktionen hat, aber keine Entscheidungskompetenzen. Es dient dem Austausch fachli-

cher Informationen zwischen Fachabteilungen und Projekt und unterstützt Sie.

- **Das Multiprojektmanagement:** Organisationen mit vielen Projekten binden ein einzelnes Projekt womöglich in ein Multiprojektmanagement ein, das voneinander unabhängige Projekte im Gesamten koordiniert. Vor allem werden hier übergeordnete strategische Entscheidungen getroffen.

**Beispiel**

So wählt man im Multiprojektmanagement aus einer Menge möglicher Projekte die sinnvollsten aus, priorisiert die Vorhaben oder installiert ein übergreifendes Risikomanagement. Laufende Projekte werden durch übergreifendes Controlling begleitet. Aber auch Qualitäts- oder Ablaufstandards werden häufig über das Multiprojektmanagement gesteuert.

## Priorität und Organisationsbedarf feststellen

Im ersten Kapitel hatten wir bereits angesprochen, dass es immer bestimmte Motive gibt, warum ein Projekt realisiert wird. Der Stellenwert im Unternehmen entscheidet meist auch über die Organisationsform. Es gibt mehr oder weniger aufwändige, kostengünstige und kostenintensive, vorrangige und weniger dringliche, lang- und kurzfristige Projekte. Zwei einfache Unterscheidungsmöglichkeiten sind Voll- und Teilzeitprojekte, A- und B-Projekte.

- In Vollzeitprojekten beschäftigen sich alle Mitarbeiter ausschließlich mit dem Projekt.
- In Teilzeitprojekten ist die Projektarbeit ist für die Beteiligten nur eine Zusatzaufgabe; ihre sonstigen Tätigkeiten werden dafür entsprechend reduziert.
- In der Kombination aus beiden Formen werden nur einige Projektbeteiligte in Vollzeit, die anderen in Teilzeit für das Projekt tätig.

Ob Projekte A- oder B-Priorität haben, wird anhand von Kriterien wie zeitlichem Rahmen, Größe des Budgets und strategischer Wichtigkeit des Auftrags gemessen.

## Checkliste: Organisationsbedarf

- Wie groß und komplex ist das Projekt? Auf welche Dauer ist es angelegt?
- Welchen Stellenwert hat das Projekt im Verhältnis zum Tagesgeschäft finanziell und zeitlich? (Voll- oder Teilzeitprojekt, A- oder B-Projekt)
- Welche vorhandenen Strukturen können und sollen für das Projekt genutzt werden? Welche müssen erst geschaffen werden?
- Wie wird das Team organisiert?
- Was ist projektintern zu organisieren?
  - Ergebnis- und sachorientierte Regeln: Wie soll das Projekt funktionieren?

  - Regeln für die Zusammenarbeit: Wie stimmen sich die Beteiligten ab?
- Wie kann die Organisationsstruktur an geänderte Ziele oder Rahmenbedingungen angepasst werden?
- Gibt es im Unternehmen noch mehr Projekte und wie sind die Erfahrungen dort?

## Welche Organisationsform eignet sich wofür?

Es gibt verschiedene Standards, nach denen Projekte organisiert sind. Einige stellen wir hier vor. Zentral für Sie als Projektleiter sind dabei die Fragen:

- Wofür bin ich verantwortlich?
- Bin ich weisungsbefugt oder nicht?

### 1 Stabs- oder Einflussprojektorganisation

Bei dieser Organisationsform verzichtet das Unternehmen auf die Einrichtung einer eigenen Projektorganisation, es gibt also kaum organisatorischen Aufwand. Der Projektleiter, z. B. ein Abteilungsleiter, erhält eine Stabstelle, die meist der Unternehmensführung direkt unterstellt ist. Er ist allerdings nur mit sehr begrenzten Kompetenzen ausgestattet: Ihm obliegt nur die Koordination des Projekts, er hat keinerlei Weisungsbefugnis. So agiert er wie ein beratender Dienstleister innerhalb des Unternehmens. Die Projektmitarbeiter verbleiben in ihrer Linienorganisation, arbeiten meist nur nebenbei für das Projekt, unterstehen weiter der Weisungsbefugnis ihres jeweiligen Vorgesetzten. Anstatt zu delegieren, muss der Projektleiter also die Linienverantwortlichen überzeugen, wenn es etwa um die Ressourcenverteilung geht. Diese fehlende Autorität, die zeitaufwändigen Abstimmungen und das Konfliktpotenzial, das zwischen Stab und Linienorganisation besteht, bergen gewisse Risiken. Angewendet wird diese Projektorganisation in der Regel daher auch bei internen, wenig riskanten, kurzen und einfachen Projekten. Allerdings hat die Stabstelle die Chance, dass ihr Projekt auf hohe Akzeptanz stößt, wenn sie bei ihrer Überzeugungsarbeit entsprechend erfolgreich war.

## 2 Matrix-Projektorganisation

Diese sehr häufige Organisationsform gibt es in unterschiedlichen Varianten. Prägend ist die Aufteilung der Kompetenzen zwischen Linien-Führungskräften und einer eigens eingerichteten Projektleitung. In der Regel bleiben die Teammitglieder während der Projektarbeit disziplinarisch ihrem Vorgesetzten unterstellt, der Projektleiter erhält nur das projektbezogene, fachliche Weisungsrecht. Zwar hat er klare Kompetenzen – dennoch ist für ihn die Aufteilung der Macht manchmal ungünstig.

### Beispiel

Entscheidet eine Linienführungskraft und nicht der Projektleiter über die Zusammensetzung des Teams, muss dieser mit den Kompetenzen von Mitarbeitern klarkommen, die er nicht selbst ausgesucht hat.

Zudem kann ein Ressourcenwettbewerb zwischen den betroffenen Abteilungen und dem Projekt entstehen. Denn für den einzelnen Mitarbeiter bedeutet die Matrix-Projektorganisation: Er ist Diener zweier Herren, da er einerseits seinem Linienvorgesetzten, andererseits der Projektleitung gegenüber in der Pflicht ist. Wenn nun beide zur gleichen Zeit etwas von ihm wollen – kann er sich überhaupt richtig entscheiden, was er zuerst macht?

### 3 Die reine Projektorganisation

Bei dieser Form der Organisation managt der Projektleiter sein Projekt völlig eigenständig. Dort

- liegen die Zuständigkeiten klar beim Projektleiter, der mit hinreichenden Kompetenzen ausgestattet ist und in der Regel auch wie ein Disziplinarvorgesetzter agiert;
- tritt die Projektgruppe nach außen geschlossen auf;
- sind die abgestellten Mitarbeiter hochqualifiziert, beschäftigen sich nur mit dem Projekt und können sich umso leichter mit ihm identifizieren;
- sind die Rahmenbedingungen für die Zusammenarbeit optimal; beispielweise ist der Know-how-Transfer gesichert und für Kontinuität gesorgt.

Allerdings können Mitarbeiter in einem Projekt, für das sie ausschließlich arbeiten, auch einmal Leerlauf erleben, also nicht immer voll ausgelastet sein. Zudem unterliegen sie einem gewissen Beschäftigungsrisiko, weil sie nicht immer genau wissen, wie es nach dem Abschluss des Projekts für sie im Unternehmen weitergeht. Diese Organisationsform wird daher sinnvollerweise für große Projekte eingesetzt, die ein Jahr oder länger dauern.

Versuchen Sie, Kontinuität für sich und Ihre Mitarbeiter sicherzustellen. Loten Sie rechtzeitig aus, welche anderen Aufgaben Ihnen das Unternehmen nach dem Projekt anbieten kann oder bemühen Sie sich aktiv um ein neues Projekt. Ihr eingespieltes Team kann hier ein Trumpf sein.

## Das Team zusammenstellen

Projektarbeit besteht aus vielen Situationen, in denen eine Gruppe bessere Ergebnisse erzielen kann als der Einzelne. Das Projektteam hat gegenüber anderen Abteilungen, der Unternehmensleitung bzw. dem Auftraggeber die Funktion des Auftragnehmers. Es besteht von Beginn bis zur Auflösung des Projekts, wobei sich die Zusammensetzung der Mitarbeiter auch je nach Bedarf verändern kann. Zum Team gehören der Projektleiter und alle in Vollzeit oder Teilzeit abgestellten Mitarbeiter; auch externe Mitarbeiter können dazukommen oder ein Berater. Die Teammitglieder sollen aufgabenbezogenes Wissen einbringen und können aus unterschiedlichen Abteilungen rekrutiert werden.

Selten besteht bereits vor Beginn eines Projekts ein eingespieltes Team, das für das Projekt abgestellt werden könnte. Dies ist höchstens dann der Fall, wenn eine bereits organisierte Arbeitsgruppe ein Projekt durchführt. In der Regel muss jedoch erst ein Team gebildet werden. Mit der richtigen Mitarbeiterauswahl stellen Sie in diesem Fall als verantwortliche

Führungskraft entscheidende Weichen für das Gelingen Ihres Projekts.

## Welche Teamgröße ist ideal?

Ein Team kann aus zwei, zehn oder mehr Mitarbeitern bestehen. In der Praxis werden kaum Teams mit mehr als fünfzehn Personen gebildet, die Projekt-Kerngruppe überschreitet selten die Grenze von acht festen Mitarbeitern. Manche betrachten eine Gruppengröße von fünf bis sieben Personen als ideal, um kreative Lösungen hervorzubringen. Bei großen Softwareprojekten sind sogar häufig mehrere Dutzend Mitarbeiter – oft auch weltweit – tätig. Überlegen Sie sich, wie groß das Team werden darf, damit Sie Ihre Aufgaben noch in vollem Umfang wahrnehmen können.

- Je kleiner die Gruppe ist, umso einfacher ist die Steuerung des Teams, umso effektiver können Teamsitzungen geplant und Abstimmungen durchgeführt werden. Kommunikation und Informationsfluss verlaufen in kleinen Gruppen meist reibungslos.
- Je größer die Gruppe ist, desto mehr kreatives Potenzial hat sie und umso problemorientierter kann sie agieren. Aber dafür müssen Sie auch viele Meinungen unter einen Hut bringen. Außerdem nehmen Planungs- und Verwaltungsaufwand zu, die Verständigung im Team wird schwieriger und Entscheidungsprozesse dauern länger.

Letztlich hängt es sehr vom Auftrag ab, wie viele Personen das Projekt braucht oder verträgt. Manchmal kann es besser sein, ein Projekt mit mehr Ressourcen auszustatten und dafür den zeitlichen Rahmen zu begrenzen.

### Beispiel

Eine junge Agentur nimmt zum ersten Mal an einer Ausschreibung teil. Als Auftrag winkt eine umfangreiche Kampagne. Für die Bewerbung bleiben sechs Wochen Zeit, man setzt auf ein Projektteam in Teilzeit mit zwei kreativen Mitarbeitern plus Projektleiter. Doch die Bewerbung scheitert, weil die geforderte Arbeitsprobe und das Grobkonzept den Anforderungen nicht entsprochen haben. Die Geschäftsführung bedauert es, dass sie nicht mehr Ressourcen in das Projekt gesteckt hat. Man hätte einen früheren Endtermin festsetzen und die restliche Zeit als Puffer für eine interne Qualitätsprüfung einplanen können.

Dass man in einem Projekt möglichst viele Mitarbeiter einsetzt, ist natürlich nicht das Ziel. Im Gegenteil, eine unüberschaubar gewordene Projektgruppe erschwert Führung und Steuerung des Projekts und kann zum Chaos führen.

## Aufstocken oder nicht?

In der fortgeschrittenen Umsetzungsphase eines Projekts steigt der Arbeitsaufwand meist an. Anders gesagt: Je näher der Abgabetermin rückt, umso mehr scheint noch zu erledigen zu sein. Womöglich überlegen Sie in einer solchen Situation, ob Sie das Personal entgegen der ursprünglichen Planung aufstocken sollen. Mehr Leute ins Boot zu holen, kann jedoch riskant sein:

- Bei der Integration neuer Teammitglieder entstehen zunächst ein hoher Informationsbedarf und Abstimmungsaufwand; die Neuen müssen eingearbeitet werden, die Gruppe muss Aufgaben eventuell neu verteilen.

## Beispiel

Die Mitarbeiter des alten Teams müssen klären, wer die Neuen unterstützt und sie in die Projektthemen und Problematik einführt. Die Projektleitung muss den Neuen die Rahmenbedingungen und Ziele darlegen.

- Kommen neue Mitarbeiter dazu, ändern sich dadurch meist Rollen und Zuständigkeiten in der Gruppe. Das geht unter Umständen zu Lasten des bereits entstandenen Wir-Gefühls.
- Der Aufwand für Verwaltung und Entscheidungen im Team erhöht sich und dadurch Ihr Aufwand für das Projektmanagement.
- Jede Führungskraft kann nur eine begrenzte Anzahl von Personen führen. So können Sie selbst dann, wenn das Team gut zusammenarbeitet, nicht die Arbeitsergebnisse von zwanzig Personen überwachen. In der Regel ist davon auszugehen, dass eine Führungskraft nicht mehr als zwölf Mitarbeiter sinnvoll koordinieren kann.

Insgesamt erhöhen sich also Aufwand, Kosten und Konfliktpotenzial – was genau den gegenteiligen Effekt haben kann als beabsichtigt: Das Projekt verzögert sich oder wird unrentabel. Stehen Sie vor der Entscheidung, Ihr Team personell aufzustocken, sollten Sie deshalb anhand Ihrer Termin- und Ressourcenpläne sowie des Projektstands sorgfältig das Für und Wider abwägen.

## Was tun, wenn das Team vergrößert werden muss?

Wenn das Projektteam mehr als sieben oder acht Mitarbeiter hat, sollten Sie sich für eine Teilprojekt-Bildung entscheiden, d. h. in der Organisationsform Zwischenhierarchien einschalten und entsprechend Verantwortung abgeben. Die Hierarchisierung kann

- nach dem Muster der Linienorganisation erfolgen oder
- mehrdimensional organisiert werden im Sinne einer Matrix-Projektorganisation (siehe S. 47).

Nach der Teamvergrößerung sollten Sie als Projektleiter folgende Notwendigkeiten checken:

1 das bisherige Team auf die neue Situation vorbereiten,

2 Kompetenzen genau festlegen,

3 Zuständigkeiten neu ordnen, erforderlichenfalls die Aufgaben neu gliedern und umverteilen,

4 Pläne anpassen und

5 die bisherigen Informationswege erweitern, z. B. Besprechungen der Teilprojektleiter einführen.

# Die richtigen Leute ins Team holen

Jeder wünscht sich für sein Team natürlich die Besten. Wenn Sie das Team formieren, achten Sie deshalb auf die fachliche und die persönliche Qualifikation Ihrer Mitarbeiter.

## Fachliche und methodische Fähigkeiten

Oft entscheidet zunächst die fachliche Qualifikation, wer am Projekt teilnimmt. Technisches Know-how kann hier ebenso gefragt sein wie Organisationstalent, Analysefähigkeit, Softwarekenntnisse und anderes mehr. Geeignete Mitarbeiter für ein Projektteam zu finden, ist allerdings nicht leicht. Als Projektleiter hat man zudem nicht immer die Befugnis, das Team selbst zusammenzustellen. Doch jeder vernünftige Lenkungsausschuss oder Vorgesetzte wird Ihre Anregungen, wen Sie für geeignet halten, dankbar aufnehmen, wenn Sie Ihre Vorschläge gut begründen können. Sie müssen also vorher feststellen, welche Kompetenzen Sie im Team brauchen: Leiten Sie aus den Arbeitspaketen Ihres Projektstrukturplans oder aus dem Lastenheft oder der Auftragsbeschreibung (siehe S. 70, 31, 60) die benötigten fachlichen Anforderungen ab.

## Das persönliche Profil zählt

Neben den fachlichen und methodischen Fähigkeiten verlangt Projektarbeit in einem Team von den Mitarbeitern vor allem bestimmte persönliche Kompetenzen – die berühmte Teamfähigkeit ist gefragt. Sie bedeutet:

- eine gute Mischung verschiedener Fähigkeiten: Entscheidungen treffen und kreative Lösungen finden können, kommunikative und soziale Stärken;
- die Bereitschaft, sich in das Team einzugliedern und sich für die gemeinsame Sache einzusetzen;
- die Bereitschaft, wechselseitig Verantwortung zu übernehmen nach dem Motto: „Was uns betrifft, betrifft auch mich."

Die Checkliste auf der nächsten Seite hilft Ihnen zu beurteilen, welche Mitarbeiter für Ihr Projekt geeignet sind.

## Auf die gelungene Mischung kommt es an

Auch die richtige Zusammensetzung der Gruppe ist ein wichtiger Erfolgsfaktor. Hierbei gilt es, die persönlichen Fähigkeiten jedes Einzelnen zu berücksichtigen und gleichzeitig eine ideale Mischung zu erreichen. Ein völlig harmonisches Team muss dabei nicht zwangsweise die beste Lösung sein. Denken Sie daran, dass in einem Team immer auch unterschiedliche Rollen (siehe S. 100) zu besetzen sind.

## Checkliste: Profil Projektmitarbeiter

| Mitarbeiter (Name): |
|---|
| **Fachliche und methodische Kompetenzen** |
| ▪ Fachkenntnisse |
| ▪ methodische Kenntnisse |
| ▪ zusätzliche Qualifikationen |
| **Persönliche Kompetenzen** |
| ▪ Selbstständigkeit |
| ▪ Durchstehvermögen |
| ▪ Problemlösungskompetenz |
| ▪ analytisches und systematisches Denken |
| ▪ Verantwortlichkeit für das Projekt |
| ▪ Selbstorganisation |
| ▪ Aufgeschlossenheit für das Projekt |
| ▪ Aufgeschlossenheit für Stakeholder |
| **Teamfähigkeit** |
| ▪ Kooperationsfähigkeit |
| ▪ Diskussionsfähigkeit |
| ▪ Kompromissfähigkeit |
| ▪ Verantwortungsgefühl |
| ▪ Interesse an persönlicher Weiterentwicklung |

Die Zusammenstellung des Teams sollten Sie vom Ziel Ihrer Aufgabe abhängig machen:

- Bei klaren Zielen und für eine schnelle Umsetzung eignet sich ein harmonisches Team, bei dem sich einer auf den anderen verlassen kann.
- Wollen Sie neue, kreative Ergebnisse, kann eine Mischung aus unterschiedlichen Persönlichkeiten durchaus gewinnbringend sein. Kontroversen können, solange sie sachlich ausgetragen werden, zu unkonventionellen Lösungen führen und das Team als Ganzes weiterbringen.
- Andererseits können Sie aber auch bestimmte, unerwünschte Konfliktquellen von vornherein ausschließen, etwa indem Sie vermeiden, dass zwei Mitarbeiter zusammenkommen, die eine starke persönliche Abneigung gegeneinander hegen oder in Konkurrenzkampf miteinander liegen.

> „Projekte scheitern nicht an der Technik, sondern an Menschen." Dieses Zitat von Tom DeMarco sagt bereits alles über den hohen Stellenwert des Projektteams aus.

# Informationswege und Dokumentation festlegen

Wenn viele an einer Sache arbeiten, erfordert das einen reibungslosen Informationsaustausch. Das heißt nicht nur, dass später bei der Projektdurchführung alle Teammitglieder ständig über die wichtigsten Ereignisse und den Stand des Projekts informiert sind. Auch andere Stakeholder müssen regelmäßig mit ausgewählten Informationen versorgt werden. Projektziele, Pläne, Vorgänge, Zwischenergebnisse, Statusberichte, Notizen über Absprachen, Planabweichungen – entscheiden Sie im Einzelfall, wer wofür der richtige Adressat ist.

Im Prinzip ist für diesen Zweck Folgendes einzusteuern:

1 Legen Sie fest, wer aktiv worüber informiert werden muss (Information nach dem Push-Prinzip). Dafür können Sie z. B. die Stakeholderanalyse heranziehen und eine neue Spalte einfügen. Richten Sie entsprechende Verteiler für den E-Mail- und Schriftverkehr ein.

2 Legen Sie, soweit möglich, fest, in welchen Fällen die Beteiligten bzw. Teammitglieder sich bestimmte Informationen selbst beschaffen müssen (Pull-Prinzip).

3 Kümmern Sie sich darum, dass jemand für die Projektdokumentation verantwortlich ist, und legen Sie die Rahmenbedingungen fest.

Für die Speicherung von Informationen wird am besten im Intranet ein Projektordner angelegt. Sinnvoll ist es, den Zugriff zu regeln: Den öffentlichen Bereich für alle zugänglich zu machen und den nicht-öffentlichen nur für Sie und den Lenkungsausschuss. Wichtige Dokumente in Papierform werden geordnet aufbewahrt oder eingescannt.

Wer Informationen sucht, sollte sie ohne großen Aufwand finden. Die Dokumentation ist sinnvoll zu strukturieren. Auch spätere Nutzer sollten sich nicht durch einen riesigen Papierwust oder Dateiordner kämpfen müssen.

Für den Informationsaustausch während der Durchführung des Projekts legen Sie das sog. Berichtswesen fest.

## Checkliste: Berichtswesen festlegen

- Welche Berichte sind zu erstellen?
- Für wen?
- Mit welchen Inhalten und in welcher Form?
  (Z. B. für die Unternehmensführung verdichtet, für neue Mitarbeiter inklusive Hintergrundinformationen)
- Von wem werden sie erstellt?
- Wie oft und bis wann werden welche Berichte erstellt?
- Wo wird die Information abgelegt?

Niemand sollte mit Informationen belästigt werden, die für ihn völlig irrelevant sind. Andererseits: Über Wichtiges lieber einmal zu viel informieren als einmal zu wenig.

# Das Projekt starten

Neben der Klärung der Ziele und der Planung (siehe „Das Projekt planen", ab S. 63) sind für den Start des Projekts noch wesentlich: der Projektauftrag und das Kick-Off-Meeting.

## Alles Wichtige im Projektauftrag fixieren

Der Projektauftrag ist kein überflüssiger Formalismus, sondern eines der wichtigsten Dokumente für den Projektleiter. Denn darin sind sämtliche vereinbarten Rahmenbedingungen festgehalten, die für die Durchführung des Projekts gelten:

**Bestandteile des Projektauftrags**

- Name des Projekts, Projektnummer, Auftraggeber und Projektleiter
- strategischer Nutzen des Projekts, Problemstellung
- Projektziele (Ergebnisziele)
- Organisation: Verantwortliche, Ausschüsse, Kompetenzen
- Termine: Start, Meilensteine, Abschlusstermin (Planung, ab S. 63)
- Projektbudget, Ressourcen (personell und materiell, Planung siehe S. 80 und 84)
- Risiken, Restriktionen, Auflagen und Ähnliches
- Angaben zur groben Ablaufplanung (siehe S. 77)
- Angaben zu Dokumentation und zum Berichtswesen

Am übersichtlichsten ist ein einseitiges Blatt, auf dem Punkte wie „Risiken" nur in Kurzform dargestellt werden. Was noch offen ist, versehen Sie mit Terminen („ ...wird vorgelegt am ..."). Arbeiten Sie mit Anhängen und Verweisen, so können Sie z. B. das Projektziel durch einen Anhang „Zielbeschreibung" erweitern, falls Sie schon Projektziele im Detail erarbeitet haben.

> Der Projektauftrag wird vom Auftraggeber und der Projektleitung unterzeichnet.

## Das erste Meeting aller Beteiligten

Starten Sie das Projekt mit einer konstituierenden Sitzung, zu der Sie den Auftraggeber, den Lenkungsausschuss, das Team und andere Stakeholder einladen. Auf der Agenda stehen z. B.:

- Inhalt und Zielsetzung des Projekts (Auftraggeber),
- Vorstellung des Teams
- Vorstellung der Aufgaben des Teams (Projektleiter)

Die Beteiligten lernen sich kennen und beginnen mit der für die Projektarbeit so wichtigen Kommunikation. Die Ziele sind allen klar und der gemeinsamen lösungsorientierten Arbeit steht nichts mehr im Weg. Die erste Teamsitzung selbst können Sie dann z. B. als Kick-off-Meeting (siehe S. 91) gestalten.

## Auf einen Blick: Das Projekt starten

- Als Projektleiter sind Sie für die Einhaltung des Budgets, der Termine und für die Qualität verantwortlich.
- Minimieren Sie die Auswirkungen unerwünschter Entwicklungen durch gezieltes Risikomanagement. Dazu analysieren Sie vor Projektstart mögliche Risiken, treffen entsprechende Vorsorge und halten Notfallpläne bereit.
- Wer sich für das Projekt interessiert und wer wie viel Einfluss hat, erfahren Sie durch die Stakeholderanalyse. Daraus leiten Sie Maßnahmen ab, mit denen Sie Unterstützung erhalten und Widerstände gegen das Projekt auflösen.
- Je nach Projektorganisation können die Kompetenzen und (Weisungs-)Befugnisse des Projektleiters sehr unterschiedlich ausfallen.
- Ein Projekt braucht Mitarbeiter, die nicht nur sehr unterschiedliche fachliche Fähigkeiten mitbringen, sondern vor allem teamfähig sind. Ob ein Team erfolgreich ist, hängt von der Zusammensetzung und der Größe ab, aber auch davon, wie gut es auf die Ziele eingeschworen ist.

# Das Projekt planen

Endlich sind die organisatorischen Arbeiten im Vorfeld erledigt. Jetzt kann es losgehen mit der Planung.

In diesem Kapitel erfahren Sie,

- wie Sie mit Meilensteinen das Projekt strukturieren (ab S. 66),
- welche Pläne Sie einsetzen, um die Aufgaben zu verteilen und Termine zu fixieren (ab S. 70) und
- wie Sie die Kosten kalkulieren (ab S. 84).

# Gut geplant ist halb gewonnen

„Wer zu viel plant, ist zu wenig kreativ“, lautet eine weit verbreitete Meinung. Sie ist nicht nur falsch, sondern auch gefährlich für ein Projekt. Natürlich können Sie versuchen, ohne Plan loszulegen. Aber wollen Sie es wirklich dem Zufall oder gar anderen überlassen, wie Ihr Projekt läuft? Rufen wir uns noch einmal in Erinnerung, was Projekte bedeuten: komplexe Aufgaben, neue Lösungswege, ein hohes Risiko und viele Personen mit unterschiedlichen Rollen. Keine Frage also: Wer sein Projekt in den Griff bekommen möchte, darf kein Planungsfeind sein. Die Vorteile der Planung sind:

- Planung gibt der ursprünglichen Idee eine Struktur. Diese ermöglicht es, dass alles ins Rollen kommt und am Laufen bleibt.
- Mit Planung wird das Projekt in überschaubare Einheiten gegliedert. Terminabweichungen oder sonstige Fehlentwicklungen erkennen Sie früher und schneller.
- Planung brauchen Sie als Grundlage für die Steuerung und Kontrolle Ihres Projekts – nicht nur für sich und Ihr Team, sondern auch für den Auftraggeber und das Reporting.
- Jedes Teammitglied weiß, was es zu tun hat und bis wann.

So wichtig Projektpläne sind, vergessen Sie nicht, dass Sie im Projekt flexibel reagieren müssen. Ausgeklügelte Pläne, die aber nicht mehr dem Projektstand entsprechen, entwickeln sich zum Bumerang. Sie sollten Ihre Planung also auch während des Projekts ständig aktuell halten.

## Informieren und abstimmen

Ihre Planung sollte transparent sein. Egal, wann Sie Entscheidungen treffen, prüfen Sie immer:

- Wer ist von der Planung betroffen und muss worüber in welchem Umfang informiert werden? (Teammitglieder, Mitarbeiter, die das Projekt indirekt betrifft, Abteilungen, auf die das Projektergebnis Auswirkungen hat, etc.)
- Mit wem müssen Sie sich über die Planung abstimmen? (Vorgesetzter, Lenkungsausschuss, Auftraggeber.)
- Wenn laufenden Projekt Änderungen notwendig werden, mit wem sind sie abzusprechen?

> Das Ergebnis der Planung gibt der Projektleiter in der Regel in Form eines Berichts, in dem alle Planungsunterlagen zusammengefasst sind, an die Entscheidungsinstanz weiter.

Klären Sie den Auftraggeber regelmäßig über notwendige Änderungen in der Planung auf. Vermeiden Sie, dass er mit Abweichungen oder Änderungen überrumpelt wird, die sich für Sie als notwendige Entwicklung darstellen, aber für Außenstehende schwer nachzuvollziehen ist. Für Sie ist ein Projekt wie ein eigenes Kind, das Sie tagtäglich sehen – Sie werden über die Fortschritte, die es macht, kaum überrascht sein. Ganz anders ergeht es der Tante, die nur alle zwei Jahre zu Besuch kommt.

## Was ist zu planen?

Planungsaufgaben stellen sich keinesfalls nur zu Beginn des Projekts, sondern in dessen Verlauf immer wieder neu. Denn erstens verläuft kein Projekt hundertprozentig „nach Plan"; und zweitens kann nicht schon zum Projektstart detailliert festgelegt werden, was in einer fortgeschrittenen Realisierungsphase genau zu geschehen hat. Daher wird in Projekten mit einer zweistufigen Planung gearbeitet, dem langfristigen Projektstrukturplan und den mittelfristigen Phasenplänen:

- Der Projektstrukturplan bezieht sich auf das Projekt als Ganzes.
- Die Phasenpläne leiten sich aus ihm ab, machen aber möglichst genaue Vorgaben für die Dauer der als nächstes anstehenden Projektphase.

Im Mittelpunkt stehen dabei die Planungen für

- Arbeitspakete und Aktivitäten,
- Termine,
- Kapazitäten/Bedarf (personell und materiell) und
- Kosten.

# Mit Meilensteinen Projektphasen definieren

Hilfreich für Ihr Vorgehen ist es, den Projektverlauf in Entwicklungsphasen zu untergliedern. Die Phasen können Sie durch die Festsetzung von Meilensteinen definieren. Der

Meilenstein bildet jeweils den Abschluss einer Phase, ist somit das Phasenprodukt.

Einen Meilenstein können sich definieren als

- ein in sich geschlossenes Arbeitsergebnis,
- Erreichung eines Teilziels,
- Zeitpunkt für ein Rewiew oder eine Teilabnahme.

Meilensteine sind wichtige Entscheidungs-, Kontroll- oder Überwachungstermine. Auch Projektanfang und –ende sind Meilensteine. An einem Meilenstein kontrollieren Sie, Ihr Auftraggeber oder verantwortliche Entscheider das bisherige Ergebnis, z. B. daraufhin, ob bestimmte Qualitätsziele erreicht wurden. Diese Qualitätsziele sollten Sie vorher in individuellen Checklisten pro Meilenstein festhalten; sie leiten sich ab aus den Ergebniszielen des Gesamtprojekts.

Erst wenn das Phasenprodukt der Überprüfung standgehalten hat, wird die nächste Phase genehmigt. An einem Meilenstein kann sich sogar entscheiden, ob das Projekt abgebrochen oder fortgeführt wird. Stimmen Sie daher auch die Meilensteine immer mit den verantwortlichen Stellen ab.

> Ein erreichter Meilenstein belegt den Projektfortschritt. Achten Sie darauf, dass sich alle über die Bedeutung der Meilensteine im Klaren sind.

Für Software-Projekte wurden bereits verschiedene Phasenmodelle entwickelt. Das todsichere Erfolgsmodell gibt es jedoch nicht. Sie können sich an die Faustregel halten: Je komplexer das Projekt, desto mehr Phasen gibt es. Worauf es vor allem ankommt ist, dass die Phasen

- benannt werden,
- überschaubare und abgrenzbare Aufgaben enthalten und
- ein Arbeitsergebnis definieren.

Die in den Phasen definierten Aufgaben und erzielenden Ergebnisse müssen im Team unmissverständlich abgeklärt werden.

### Vorteile von Projektphasen

- Phasen schaffen Entscheidungspunkte für zunächst unüberschaubare Aufgaben.
- Sie können systematischer vorgehen, die anstehenden Probleme schneller erkennen, über mögliche Lösungen nachdenken, die beste Lösung umsetzen.
- Top-down-Ansatz: Die Aufgaben werden aufgeteilt, dann erledigt, und diese Teillösungen werden wieder im Hinblick auf das Projektziel integriert.
- Die Kontrolle wird erleichtert.
- Die Planung nach Projektphasen minimiert die Risiken.

## Erstellen Sie einen Meilensteinplan

Halten Sie die Meilensteine fest, entweder in einer Grafik oder in Tabellenform, wie im folgenden Beispiel:

**Meilensteinplan Projekt Handy-Business-Software**

| MS | Phasenergebnis | Plan-Termin | Ist-Termin | Erläuterung Abweichung |
|---|---|---|---|---|
| 1. | Marktanalyse ausgewertet | 13.1. | | |
| 2. | Grobkonzept abgenommen | 3.2. | | |
| 3. | Detailkonzept abgenommen | 24.2. | | |
| 4. | Grundfeatures erstellt | 24.3. | | |
| 5. | Testing 1 intern durchgeführt | 14.4. | | |
| 6. | Grundfeatures abgenommen | 5.5. | | |
| 7. | Alle Features umgesetzt und abgenommen | 26.5. | | |
| 8. | Externes Testing (Kundentest) ausgewertet | 2.6. | | |
| 9. | Änderungen implementiert | 16.6. | | |
| 10. | Testing 2 intern durchgeführt | 30.6. | | |
| 11. | Änderungen Testing 2 implementiert | 20.7. | | |
| 12. | Gesamtprodukt abgenommen | 28.7. | | |

# Projektpläne erstellen

Mit den Phasenplänen erhalten Sie eine einfache, aber rein lineare Struktur, und das ist für besonders komplexe Projekte sicherlich nicht ausreichend. Hier empfiehlt es sich, dass Sie zusammen mit Ihrem Team einen klaren und vollständigen Plan entwerfen, der nicht nur den Ablauf des Projekts im Detail klärt, sondern auch alle Zusammenhänge zwischen Projektstellen, Aufgaben und Kompetenzen verdeutlicht.

Es mag sein, dass Sie dabei zunächst auch auf unbekannte Größen stoßen. Diese Situation ist ganz normal. Sie werden – besonders in der Vorlauf- und Startphase des Projekts – selten über alle benötigten Informationen verfügen, um von Anfang an alles in eine eindeutige Richtung lenken zu können. Und die Informationen, die Sie haben, sind die Teile eines Puzzles, dessen Motiv Sie noch nie gesehen haben.

## Mit Netzplänen Strukturen transparent machen

Je komplexer die Aufgabenstellung ist, desto weniger genügt ein rein lineares, das heißt Schritt-für-Schritt-Denken, um die Abläufe im Projekt festzulegen und dabei noch den Überblick zu behalten. Die Netzplantechnik löst dieses Problem. Diese Technik finden Sie in zwei wichtigen Planungsinstrumenten: dem Projektstrukturplan (abgekürzt PSP) und dem Ablaufplan.

Mit dem PSP zerlegen Sie die Projektaufgaben in einzelne Teilaufgaben (Arbeitspakete). Anschließend verteilen Sie diese Aufgaben. Ziel des Ablaufplans ist es, den logischen Ablauf und den Zusammenhang aller einzelnen Aktivitäten, die die Arbeitspakete enthalten, darzustellen. Dabei wird der Strukturplan im Prinzip weiter verfeinert.

## Chancen und Risiken der vernetzten Planung

Wenn Sie Projektstruktur- und Ablaufplan erstellen, bekommen Sie Ihr Projekt von Anfang an besser in den Griff:

- Alle notwendigen Arbeiten werden erfasst und in einen logischen Zusammenhang gebracht.
- Für jede Teilaufgabe können Sie Ergebnisziele, Personal- und Materialaufwand ermitteln und später leichter kontrollieren.
- Aus dem Projektstrukturplan können Sie die Termin- und Kostenpläne ableiten. Er bildet auch idealerweise den Ausgangspunkt für die Projektdokumentation und Projektberichte.
- Als Projektleiter bekommen Sie Entscheidungshilfe, ob die Bildung von Teilprojekten notwendig wird. Die Hierarchisierung in Teilprojekte ermöglicht dann eine sinnvolle Verteilung der Projektmanagement-Kompetenzen.

Allerdings kann die Erstellung und Überwachung dieser Netzpläne mit erheblichem Aufwand verbunden sein. Nicht selten kommt es vor, dass noch aus der Projektgründungszeit stammende Pläne an der Wand vergilben, weil nach eingetretenen Änderungen niemand sich die Mühe machen wollte, die akribisch erstellten Übersichten zu aktualisieren.

## Wie Sie den Projektstrukturplan erstellen

Mit dem Projektstrukturplan bekommen Sie und Ihre Mitarbeiter einen Überblick über die zu erledigenden Aufgaben, die Zusammenhänge und Schnittstellen. Damit wird das gesamte Projekt transparent.

**Leitfaden: Arbeitspakete definieren**

1. An die Spitze des Plans kommt die Hauptaufgabe, die das gesamte Team betrifft, also das Ergebnisziel.
2. Darunter werden hierarchisch die Teilaufgaben angeordnet, die eventuell wiederum in Unteraufgaben zerlegt werden.
3. Dann kommen Sie zu Aufgaben, die Sie nicht mehr zerteilen können, weil sie sachlich zusammengehören und von der gleichen Person verantwortet werden. Diese Unteraufgaben nennt man Arbeitspakete.
4. Fertigen Sie zunächst einen Entwurf Ihres Plans an.
5. Prüfen Sie anschließend alle Elemente hinsichtlich Lücken, Überschneidungen und Kompatibilität.
6. Danach können Sie den Plan endgültig festlegen.

Jedes Arbeitspaket (AP) stellt eine definierte Aufgabe dar; alle Arbeitspakete zusammen summieren sich zum gesamten Leistungsumfang des Projekts. Für ein Arbeitspaket kann ein einzelner Mitarbeiter oder eine Gruppe zuständig sein. Wie fein das Projekt zergliedert wird, hängt vom Projekt und den Aufgaben ab.

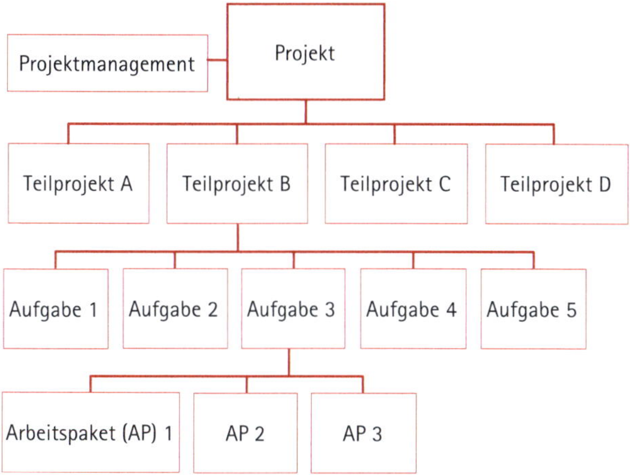


*Abbildung: Prinzipieller Aufbau eines PSP*

## Beispiel

Das Business-Software-Projekt der Handy-Technik GmbH ist in mehrere Teilprojekte untergliedert, eines davon ist das Teilprojekt „Kunden-Testing". Darunter fällt wiederum der Aufgabenbereich „Testkunden verwalten". Verantwortlich für diesen Bereich ist die Projektassistentin. Sie muss Dinge erledigen wie: geeignete Testkunden auswählen und anfragen, Produkt und Testunterlagen zuschicken, Rücklauf sammeln und anderes mehr. All diese Tätigkeiten können einzelne Arbeitspakete unter dem Bereich „Testkunden verwalten" bilden, soweit eine weitere Aufspaltung nicht mehr sinnvoll erscheint. Das AP „Rücklauf sammeln" etwa beinhaltet verschiedene Aktivitäten wie Erinnerungsschreiben verschicken oder Rücklauf archivieren, die aber nicht als eigene Arbeitspakete definiert werden müssen.

## Verschiedene Wege führen zum Ziel

Wo fangen Sie mit der Strukturierung an? Hier gibt es verschiedene Möglichkeiten:

- Nach Objekten können Sie das Projekt zerteilen, wenn es um die Erstellung von Erzeugnissen geht, z. B. einzelnen Bauabschnitte bei einem Anlagenbau oder bestimmte Module bei einem DV-Projekt.
- Nach Funktionen bzw. einzelnen Tätigkeiten zergliedern Sie das Projekt am besten, wenn es über eine Produktion hinausgeht, z. B. bei einer Markteinführung.
- Sie können auch gleichzeitig objekt- und funktionsorientierte Arbeitspakete definieren; dies kommt der Realität am nächsten und gewährleistet eine vollständige Erfassung aller Projektaufgaben.

Projektstrukturpläne können sehr komplex ausfallen. Den Plan entwerfen Sie deshalb am besten an einer Pinwand und setzten Karten zum Beschriften ein. Das Ergebnis übertragen Sie später in eine Datei (z. B. in Powerpoint). Legen Sie im Vorfeld fest, ob Sie die Strukturierung allein oder im Team durchführen wollen. Standardisierte oder im Unternehmen bereits vorhandene Projektstrukturpläne können Ihnen bei der Erstellung helfen. Füllen Sie dabei alles aus, was für Ihr Projekt in Frage kommt, streichen Sie die Aufgabenpakete, die nicht vorkommen, heraus, und erstellen Sie auf Grundlage dieses Entwurfs Ihren endgültigen Plan.

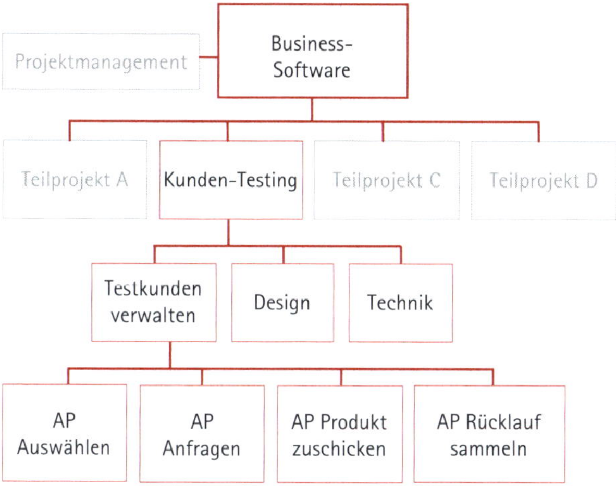


*Abbildung: Beispiel für einen Ausschnitt aus dem PSP für das Projekt „Business Software der Handy-Technik GmbH"*

## Die Arbeitspakete beschreiben

Die Arbeitspakete (AP) sind abgrenzbare Aufgaben, die nicht weiter sinnvoll unterteilt werden können. Ein Arbeitspaket bündelt bestimmte Einzelaktivitäten und ist in der Regel an eine verantwortliche Person delegierbar. Jedes Arbeitspaket sollte genau beschrieben werden, mindestens mit folgenden Merkmalen:

- Ziel/Ergebnis: Wie definiert sich die Aufgabenerfüllung?
- Inhalt und Umfang: Welche Aktivitäten gehören dazu?
- Verantwortlicher und Mitarbeiter, der/die am Arbeitspaket beteiligt ist/sind
- Aufwand: z. B. Stunden, die zur Erledigung nötig sind
- Dauer: Zeitraum, in dem das Arbeitspaket bearbeitet werden kann
- Starttermin und Endtermin
- Vorgänger: An welches andere AP schließt sich das AP an?
- Nachfolger: Welches AP folgt danach? (siehe Ablaufplan, S. 77)

### Beispiel

Mit dem AP „Testkunden anfragen" kann die Projektassistentin erst beginnen, wenn sie Informationen über das Konzept hat. Sie muss ja wissen, nach welchen Kriterien die Kunden ausgewählt werden sollen und wie viele Tester teilnehmen sollen. Ein mögliches Vorgängerpaket ist also das AP „abgestimmtes Konzept Kunden-Testing".

Sie können auch weitere wichtige Informationen, etwa zu Stakeholdern, in der Arbeitspaketbeschreibung festlegen.

## Den Ablaufplan erstellen

Der Ablaufplan ist eine Detaillierung des Projektstrukturplans mithilfe der Arbeitspakete, der verdeutlicht, wie Tätigkeiten zusammenhängen. Vom Projektstrukturplan ausgehend bringen Sie im Ablaufplan alle Arbeitspakete in eine logische und zeitlich sinnvolle Reihenfolge. Ziel ist, zu erkennen was wann zu erledigen ist. Dieser Schritt ist wichtig, damit Sie Termine planen, Kosten besser schätzen und Kontrollen leichter durchführen können.

- Der Ablaufplan kann grafisch unterschiedlich dargestellt werden: in einem Netzplan, wenn das Projekt sehr komplex ist, oder in einer Liste (siehe nächste Seite) oder in einem Balkendiagramm (siehe S. 82).
- Bei der Erstellung sollten Sie sich von denjenigen Mitarbeitern, Fachabteilungen oder Stellen unterstützen lassen, die später für die Einhaltung verantwortlich sind.
- Beginnen Sie erst damit, die Aufgaben der Arbeitspakete genau zu definieren, wenn der Projektstrukturplan auch wirklich feststeht.

## Beispiel Ablaufplan: Teilprojekt „Kunden-Testing" (Ausschnitte)

| AP Nr. | Vorgang | Vorgänger | Nachfolger |
|---|---|---|---|
| 25 | Konzeption Kunden-Testing | ... | 26 |
| 26 | Abstimmung Konzept Kunden-Testing (Zielgruppe u.a.) | 25 | 27, 40 |
| 27 | Entwurf Testbogen | 26 | 33 |
| ... | ... | | |
| 33 | Erstellung Testbogen | 27 | 42 |
| ... | ... | | |
| 40 | Geeignete Testkunden auswählen | 26 | 41 |
| 41 | Testkunden anfragen und vorab informieren | 26, 40 | 42 |
| 42 | Testprodukt und Testbögen verschicken | 41, 33 | 43 |
| 43 | Rücklauf sammeln und überwachen | 44 | 42 |
| 44 | Auswertung Kunden-Testing | 43 | 50 und andere |
| ... | | | |
| 50 | Review Kunden-Testing | 44 | ... |

# Die Termine festlegen

Neben den Kosten interessiert den Auftraggeber am meisten die Frage „Wann wird das Projekt fertig?". Und jetzt dürfen Sie keine Antworten geben wie „Keine Ahnung" oder gar „Das sehen wir dann schon". Aber selbst, wenn Sie auf Anhieb einen auf den Tag exakten Termin in zwei Jahren nennen, wirken Sie nicht glaubwürdig. Übrigens: Beides, Zeit und Geld, wird auch die Unternehmensleitung und andere Führungsgremien brennend interessieren. Termine festzusetzen, ist also ein wichtiger Schritt der Projektplanung.

> Die Setzung der Termine für Aktivitäten, Zwischenergebnisse oder Meilensteine geht Hand in Hand mit der Kapazitätenplanung. Ziel ist es, den gewünschten Endtermin und die verfügbaren Kapazitäten optimal aufeinander abzustimmen.

Termintreue ist außerdem wichtig, um einem Dominoeffekt vorzubeugen: Treten nämlich Verzögerungen im Terminablauf ein, weil etwa ein Zwischenergebnis nicht rechtzeitig fertig geworden ist, liegen womöglich an anderen Projektstellen Kapazitäten brach, weil ohne dieses Ergebnis dort nicht weitergearbeitet werden kann.

## Beispiel

Der Prototyp des Produkts „Alpha" ist nicht termingerecht fertig geworden. Doch man braucht ihn, um die Produktionsanlage fertigzustellen. Weil Alpha in hoher Stückzahl auf dem Markt erscheinen sollte, werden Verzögerungen richtig teuer: Ein um sechs Monate verspäteter Markteintritt, so schätzt die Geschäftsführung der Handy-Technik GmbH, dürfte Gewinneinbußen von bis zu 30 Prozent bedeuten.

## Aufwand und Kapazitäten schätzen

Bevor Sie Termine festlegen können, müssen Sie eine Antwort finden auf die Frage: Wie lange brauchen wir? Dafür gibt es die Aufwandsschätzung oder Kapazitätenplanung (auch Personal- oder Bedarfsplanung genannt). Hierbei helfen Ihnen die bereits vorliegenden Pläne, die Ihnen zunächst einmal sagen, wie viel überhaupt zu tun ist.

Doch wie können Sie jetzt schon genau wissen, wie lange Ihre Mitarbeiter für Arbeitspaket X oder Teilprojekt Y brauchen werden? Dies können Sie nur schätzen, wobei Sie die betroffenen Mitarbeiter oder erfahrene Projektleiter befragen oder auch Dokumentationen ähnlicher, bereits abgeschlossener Projekte heranziehen sollten. Halten Sie dann den geschätzten Aufwand in Personentagen, -wochen oder –monaten in Ihrer Arbeitspaketliste fest. In einem frühen Stadium des Projekts können die Werte nicht absolut verbindlich sein. Seien Sie daher bei Schätzungen vorsichtig.

### Darauf sollten Sie achten

- Planen Sie nie mehr Kapazitäten ein als tatsächlich vorhanden.
- Berücksichtigen Sie nicht nur alle fixen Ausfallzeiten wie Urlaubstage oder Seminarbesuche der Beteiligten, sondern auch unproduktive Zeiten: Ein 8-Stunden-Tag hat höchstens 6 produktive Stunden.
- Berücksichtigen Sie den Aufwand für Besprechungen (mit Vorbereitung der Meetings etc.).

- Planen Sie genügend Puffer ein. Lassen Sie zwischen dem Ende einer Aktivität und dem Beginn einer neuen ein bis zwei Tage Luft.
- Gestehen Sie mehrfach belasteten Mitarbeitern kreative Pausen zu.
- Für unvorhergesehene Ausfallszeiten (z. B. Krankheit), Pannen und andere Überraschungen können Sie drei bis fünf Prozent der vorhandenen Kapazitäten abziehen.
- Vergessen Sie nicht, eine Kapazitätslast für Arbeiten ohne Termin (z. B. Wartung von Geräten) einzuplanen.

Je detaillierter Sie die Aktivitäten im Projektstruktur- oder Ablaufplan beschrieben haben, desto genauer wird Ihre Kapazitätsermittlung. Bedenken Sie allerdings: Auch diese Planung ist nicht in Stein gemeißelt. Kommen im Verlauf des Projekts unvorhergesehene Aufgaben hinzu, brauchen Sie unter Umständen auch mehr Kapazitäten.

# Vom Aufwand zum Termin

Von der Aufwandsschätzung ist es dann nur noch ein Schritt zur Terminplanung.

**Beispiel**

Für die Konzeption des Kunden-Testings sind drei Personentage anzunehmen. Dafür sind zwei Programmierer verantwortlich, die beide in Vollzeit für das Projekt arbeiten. Sie brauchen, wenn sie sich die Arbeit hälftig teilen, theoretisch nur 1,5 Kalendertage dafür. Weil sich die beiden untereinander abstimmen müssen, plant die Projektleiterin aber noch einen Puffer ein und landet bei einer Dauer von vier Personentagen für das Arbeitspaket und damit – bei Erledigung durch zwei Mitarbeiter – bei insgesamt 2 Kalendertagen. Den Termin für die Fertigstellung des Arbeitspakets legt sie daher auf den 3. Arbeitstag nach seinem Start.

Auf diese Weise ermitteln Sie für alle Arbeitspakete Aufwand, Dauer und Anfangs- sowie Endtermin.

## Die einfache Form: Liste

Eine einfache Terminliste in Tabellenform ist für kleinere Projekte geeignet, in der wenige Vorgänge miteinander verknüpft sind. Hier schreiben Sie die Aktivitäten und den jeweiligen Verantwortlichen der Reihe nach untereinander und versehen sie mit den Soll-Terminen. Sie können noch eine weitere Spalte einrichten zum Abhaken oder für die Eintragung des Ist-Termins (Tag der Fertigstellung).

## Ermöglicht die Gesamtschau: das Balkendiagramm

Das Balkendiagramm ist eine weitere, einfache und recht verbreitete Methode der Terminplanung. Dabei werden auf einer Zeitachse die einzelnen Aktivitäten bzw. Aufgabenpakete mit ihren Anfangs- und Endterminen in Balkenform angetragen. Hierbei können Sie allerdings die Verknüpfungen, die zwischen den einzelnen Aufgaben bestehen, nicht so gut erkennen wie bei einem Strukturplan. Beide Übersichten sollten sich daher am besten ergänzen. Wie beim Netzablaufplan übrigens auch, können Software-Programme die Überwachung des Balkendiagramms unterstützen.

## Beispiel

Yvonne Möller, Redaktionsleiterin einer Zeitschrift, soll auf einer großen Veranstaltung eine Rede halten. Vorab muss sie mit ihrem Verlagsleiter Ziele und Schwerpunkte der Rede abstimmen, ein Stichwortmanuskript erstellen und ein Probelauf wird auch nötig sein. Ihre Assistentin soll die Folien erstellen. Da Yvonne Möller wenig Zeit hat, soll der Praktikant sie bei der Stoffsammlung unterstützen. Gleichzeitig soll aus der Rede ein kleines Booklet entstehen. Die Terminliste sieht so aus:

| Präsentation in Frankfurt am 27.7., Aktivitäten | Termin | Erledigt |
|---|---|---|
| Absprache mit Verlagsleiter über Schwerpunkte | 29.6. | |
| Besprechung mit den Beteiligten | 30.6. | |
| Rahmenbedingungen checken (Frau Weiser) | 1.7. | |
| Abgabe Stoffsammlung (Herr Fellner) | 6.7. | |
| Beginn Redevorbereitung | 7.7. | |
| Redemanuskript an Herrn Fellner | 13.7. | |
| Abgabe Booklet (Herr Fellner) | 20.7. | |
| Korrekturen Booklet | 22.7. | |
| Folien erstellen (Frau Weiser) | 23.7. | |
| Fertigstellung Booklet | 23.7. | |
| Probedurchlauf | 24.7. | |

Das entsprechende Balkendiagramm sieht folgendermaßen aus:

| Aktivitäten | 29.6. | 30.6. | 1.7. | 6.7. | 7.7. | 13.7. | 20.7. | 23.7. | 24.7. |
|---|---|---|---|---|---|---|---|---|---|
| Vorbesprechung | | | | | | | | | |
| Stoffsammlung | | | | | | | | | |
| Manuskript | | | | | | | | | |
| Booklet | | | | | | | | | |
| Folien | | | | | | | | | |
| Probedurchlauf | | | | | | | | | |

## Die Kosten kalkulieren

Vor Projektstart müssen konkrete Zahlen vorgelegt werden. Spätestens, wenn die Unternehmensführung wissen will, ob sich die Durchführung des Projekts finanziell lohnt, steht eine Kostenplanung an, auf deren Basis dann auch eine Kalkulation durchgeführt werden kann. In vielen Unternehmen bzw. bei Großprojekten ist es üblich, dass dies ein Controller oder zumindest ein eigens damit betrauter Mitarbeiter übernimmt. Denn: Kostenplanung, Kalkulation und Erstellung einer Wirtschaftlichkeitsrechnung sind Tätigkeiten, die über die fachliche Kompetenz des reinen Projektmanagers oft hinausgehen. Nichtsdestotrotz sollten Sie wissen, welche Kosten bei einem

Projekt anfallen, denn Sie müssen später – unter Umständen auch in Zusammenarbeit mit dem Controller – ja die Kosten genauso wie die Termine und die Qualität überwachen und steuern. Sie sollten auch fähig sein, mit dem Controller eng zusammenarbeiten.

Bei der Wirtschaftlichkeitsberechnung geht es um die Frage, in welchem Verhältnis Aufwand und Nutzen stehen. Diese Berechnung kann also zur Entscheidung beitragen, ob z. B. ein internes Projekt überhaupt durchgeführt wird.

Die Kostenplanung dient dazu, einen Finanzplan für das Projekt zu erstellen und die anfallenden Kosten zu überwachen.

### Beispiel

Die Handy-Technik GmbH soll für einen Kunden eine Software entwickeln und verlangt dafür einen Festpreis von 25.000 Euro. Der Kostenplan und eine Wirtschaftlichkeitsberechnung haben ergeben, dass das Projekt nur dann rentabel ist, wenn es ein Gesamtvolumen von 15.000 Euro nicht überschreitet. Werden die geplanten Kosten deutlich überschritten, macht das Unternehmen mit dem Projekt Verlust.

Bedenken Sie: Eine Budgetüberschreitung kann auch andere Projekte gefährden, und zwar dann, wenn ein Projekt den Kostenrahmen so weit überschreitet, dass andere geplante Projekte nicht mehr durchgeführt werden können. Gerade bei Projekten der Öffentlichen Hand stößt man oft auf diesen Dominoeffekt.

Die Kostentreue hat deshalb nicht umsonst in vielen Projekten ebenso hohe Priorität wie die Termintreue – abgesehen davon, dass auch Terminüberschreitungen meist zu erhöhten Kosten führen.

## Welche Kosten fallen an?

Die wichtigsten Kostenarten bei einem Projekt sind:

- Personalkosten
- Sachmittel
- Materialkosten
- Fertigungskosten
- Dienstleistungen und Fremdkosten
- Marketingkosten
- Reisekosten/Spesen
- Arbeitsausstattung

Während Sie die Personalkosten mit der Kapazitätenplanung ermitteln, können Sie die Fremdleistungen erst einmal schätzen, bis Sie konkrete Angebote oder Verträge auf dem Tisch liegen haben. Greifen Sie bei der Kostenplanung auf die Informationen Ihrer Projektpläne zurück. Auch hier gilt: Je genauer Sie haben, desto leichter wird die Kostenplanung. Und so gehen Sie vor: Strukturieren Sie zunächst Kostenpakete – pro Arbeitspaket schätzen Sie die für Personal, Material, Fertigung, Dienstleistungen usw. anfallenden Kosten. Die auf diese Weise gesammelten Daten fassen Sie in einem Kostenplan zusammen. Für größere und langlaufende Projekte empfiehlt es sich, diese Kosten anhand des Terminplans anzuordnen: So entsteht ein geplanter Kostenverlauf, der vor allem z. B. bei größeren Investitionsprojekten anzeigt, zu welchen Zeiträumen wie viel Kosten anfallen.

## Warum das Projekt kalkulieren?

Projektkalkulationen sind nicht sehr beliebt, denn sie sind sehr aufwändig. In der Regel wird hier mit einer Investitionsrechnung oder Wirtschaftlichkeitsanalyse geprüft, ob sich das Projekt lohnt. Für eine solche Berechnung brauchen Sie die aktuellsten Zahlen und müssen qualitative Faktoren schätzen. Außerdem kann man auch einer Kalkulation nicht immer trauen: Über Formeln und Bewertungen bleibt dieses Instrument manipulierbar. Dennoch sind Kalkulationen für Projekte wichtig,

- um die Projektkosten in das Gesamtbudget des Unternehmens oder des Unternehmensbereichs einzuordnen,
- um zu entscheiden, ob das Projekt überhaupt gemacht wird und wenn ja, ob das Unternehmen es selbst macht oder den Auftrag vergibt (Make or Buy?),
- um Lösungsalternativen beurteilen zu können,
- um für die Anforderungen und Wünsche des Auftraggebers bzw. Kunden einen Preis festsetzen zu können und
- um eine Messgröße für den Projektfortschritt, ein objektives Regulativ zu erhalten.

Die Kostenplanung dient dazu, einen Finanzplan für das Projekt zu erstellen und die anfallenden Kosten zu überwachen. Die Setzung der Termine für Aktivitäten, Zwischenergebnisse oder Meilensteine geht Hand in Hand mit der Kapazitätenplanung.

### Auf einen Blick: Das Projekt planen

- Die Projektplanung gehört zu den wichtigsten Aufgaben des Projektleiters; auf dieser Grundlage steuert und überwacht er sein Projekt.
- Meilensteine legen Entscheidungs-, Kontroll- oder Überwachungstermine mit einem definierten Ergebnis fest.
- Im Projektstrukturplan gliedern Sie das Projekt in Einzelaufgaben (Arbeitspakete), die Sie im Ablaufplan logisch und terminlich verknüpfen.
- Bei der Kapazitätenplanung stimmen Sie Termine für Aktivitäten oder Zwischenergebnisse mit den Kapazitäten (an Mitarbeitern und deren verfügbarer Zeit) ab.
- Auch wenn das Budget oft vom Controlling geplant wird, müssen Sie als Projektleiter die Kosten überwachen.

# Projekte zum Erfolg führen

In der Durchführungsphase sind Sie der Steuermann. Optimal füllen Sie diese Rolle aus, wenn Sie

- das Team führen und motivieren (ab S. 90),
- Meetings zielgerichtet durchführen (ab S. 93),
- die Fortschritte Ihres Projekts kontrollieren (ab S. 107), rechtzeitig eingreifen (ab S. 110) und die Qualität sichern (ab S. 114),
- und Konflikte lösen (ab S. 117) und
- das Projekt so klar und strukturiert abschließen, wie Sie es begonnen haben (ab S. 122).

# Mit dem Team arbeiten

Unserer Ansicht nach hängt erfolgreiches Projektmanagement ganz entscheidend von psychologischen Kriterien ab. Das bedeutet für die Praxis: Der Teamgedanke muss eine tragende Säule der Projektarbeit bilden. Hier kommt es nicht nur auf die besonderen Kompetenzen des Projektleiters bei der Teamsteuerung an, sondern auch auf das Verhalten jedes einzelnen Mitarbeiters.

## Die Aufgaben des Teams

Die Aufgaben des Teams werden meist abgesteckt durch Richtlinien, die vom Projektmanagement vorgegeben werden. Bei der Durchführung des Projekts kann das Team jedoch frei agieren. Es wählt die Methoden und Werkzeuge selbst aus, die ihm angemessen erscheinen. Obwohl das Team also viel Spielraum hat, sich selbst zu organisieren, braucht es natürlich trotzdem eine Führung – allerdings mit dem richtigen Führungsverständnis: Auch als Projektleiter müssen Sie sich teamfähig verhalten. Doch zunächst zu den Aufgaben des Teams. Das Projektteam hat folgende Aufgaben:

- Mit dem Projektleiter die Lösungswege abstimmen, um die Ziele zu erreichen.
- Die sachlichen Ergebnisse, die in eigener Verantwortung erzielt wurden, mit den anderen Beteiligten zu kommunizieren und abzustimmen.
- Konstruktive und kreative Lösungen für Probleme, die das ganze Team betrifft, zu finden.

- So genannte „Walk Throughs" durchführen, d.h. mit Hilfe bestimmter Techniken die erzielten Ergebnisse testen.
- Wöchentlich Rückmeldungen über den Stand der Arbeiten an den Projektleiter geben.
- Informationen an alle Betroffenen weitergeben.
- Aktiv an den Teamsitzungen teilnehmen.
- Sich in Schulungen weiterbilden und an Maßnahmen zur Teamentwicklung (siehe S. 102) teilnehmen.
- Das Projektmanagement unterstützen.

> Das Interessante an der Teamarbeit liegt im Gruppeneffekt: Nicht die Leistungen Einzelner, sondern erst die Fähigkeiten und Anstrengungen aller Mitarbeiter zusammen bringen den Erfolg (Synergieeffekt).

## Die ersten Treffen im Team

In der Projektpraxis beginnt die Teamarbeit häufig mit einem Kick-off-Meeting. Im Fokus stehen hierbei das gegenseitige Kennenlernen und eine grobe Darstellung des Projekts und seiner Ziele. Wenn es Ihnen gelingt, hier für eine offene Atmosphäre zu sorgen, schaffen Sie die beste Voraussetzung für ein motiviertes Team. Versuchen Sie, das Kick-off entsprechend locker und kreativ zu gestalten.

### So gestalten Sie das Kick-off-Meeting

- Laden Sie das ganze Team ein.
- Jedes Teammitglied soll sich vorstellen und ein paar Worte zum Projekt sagen können. Stellen Sie z. B. Fragen wie:

Was erwarten Sie von diesem Projekt? Was erhoffen Sie sich von der Teamarbeit?

- Das zweite Ziel des Meetings ist, dass danach alle Beteiligten auf dem gleichen Informationsstand sind. Geben Sie aber noch keine Detailinfos über das Projekt weiter.
- Bearbeiten Sie in dieser Sitzung noch keine konkreten Aufgaben, überladen Sie die Sitzung nicht.
- Einigen Sie sich jetzt auf die Regeln der Zusammenarbeit.
- Bringen Sie noch keine Probleme auf den Tisch. Es wäre kontraproduktiv, wenn Sie sich in der ersten Sitzung in unfruchtbaren Diskussionen verlieren.
- In Besprechungen lässt meist nach zwei Stunden die Aufmerksamkeit deutlich nach. Planen Sie das Meeting eher kürzer oder machen Sie eine Pause.

## Einen Projektstart-Workshop durchführen

Es hängt natürlich auch von den Rahmenbedingungen ab, wie schnell Sie in die Projektarbeit selbst einsteigen können. Wie groß ist das Team? Kennen sich alle schon recht gut oder gibt es auch Mitglieder (Externe), die ganz neu sind? Haben die Beteiligten öfter miteinander zu tun? Gibt es schon Routinen für das Projekt? Wie groß ist die Unsicherheit, gibt es viele Vorbehalte?

Wenn Sie das Kennenlernen doch ausführlicher gestalten wollen, starten Sie am besten mit einem Workshop von einem halben bis maximal zwei Tage. Dann haben Sie mehr Zeit,

- um den Kontakt zwischen den Teammitgliedern zu fördern,
- die Teamregeln zu formulieren und zu verankern,
- Verantwortlichkeiten, Rollen und Kommunikationsabläufe festzulegen.

In diesem Workshop bzw. beim zweiten Treffen starten Sie mit der eigentlichen Projektarbeit. Hier

- besprechen Sie ausführlich die Projektziele,
- erarbeiten den ersten Strukturplan,
- verteilen die Aufgaben (wenn Sie dies nicht in Gesprächen unter vier Augen machen wollen),
- legen, falls noch nicht geschehen, die Spielregeln für Organisation, Information und Kommunikation fest.

## Projektmeetings und Besprechungen sinnvoll gestalten

Um sicherzustellen, dass alle auf dem aktuellen Stand sind, treffen sich Verantwortliche und Beteiligte eines Projekts regelmäßig. Zwei wichtige Termine für Sie als Projektleiter sind der Jour fixe bzw. das regelmäßige Teammeeting und die Statusmeetings.

### Statusmeetings

Statusmeetings rufen Sie mindestens einmal zu Beginn jeder Phase (siehe S. 66) und einmal bei Phasenende ein. Je nach Bedarf – und dieser hängt vom Zeithorizont bzw. Zeitdruck, der Größe und Art des Projekts ab – können Sie die Treffen auch wöchentlich, monatlich oder einmal im Quartal abhalten. Zum Statusmeeting laden Sie nicht das ganze Team, aber den Kunden bzw. Auftraggeber und die Mitglieder des Lenkungsausschusses ein sowie die Teilprojektleiter. Auf der Agenda stehen zentrale Dinge wie der Bericht über den Projektfortschritt, Entscheidungen und Maßnahmen zur Steuerung oder Planänderungen. Zudem gibt es Gelegenheit, Probleme und Fragen zu sammeln.

## Meetings mit dem Team

In den regelmäßigen Teambesprechungen (Jour fixe) versammelt sich die ganze Mannschaft. Es werden nicht nur Informationen, die das ganze Team betreffen, ausgetauscht (Projektstand, Arbeitsergebnisse oder bestimmte Maßnahmen etc.), sondern auch Ideen oder Probleme besprochen und Lösungsvorschläge diskutiert. Falls vorhanden, treffen sich in einem eigenen Rhythmus die Teams der Teilprojekte. Zusätzlich kann es sein, dass Sie Kurz-Meetings zwischen Teammitgliedern anstoßen müssen, die die Verbindung zu den Fachabteilungen halten und/oder über die einzelnen Verantwortungsbereiche berichten und Rückmeldungen zu den Terminen geben. Und zuletzt sollten Sie auch immer das Einzelgespräch unter vier Augen suchen.

## So verlaufen Teammeetings effizient

Je besser Teamsitzungen geplant und je systematischer sie durchgeführt werden, desto effektiver verlaufen sie. Beachten Sie folgende Punkte:

- Der Raum sollte eine kreative Atmosphäre und ungestörtes Arbeiten ermöglichen. Visualisierungsinstrumente wie Flip-Chart oder Beamer sollten zur Verfügung stehen.
- Legen Sie eine überschaubare Tagesordnung fest.
- Gehen Sie nur gut vorbereitet in jedes Meeting. Verlangen Sie dies auch von den Teilnehmern.
- Sorgen Sie für einen geregelten Ablauf; achten Sie auf die Bearbeitung der Tagesordnungspunkte und die Einhaltung der Spielregeln und visualisieren Sie ggf. das Besprochene.
- Lassen Sie jede Sitzung protokollieren, z. B. per To-Do-Liste inklusive einer Liste offener Punkte. Die Protokolle sind kurz und werden zeitnah verschickt.

## Das persönliche Gespräch nicht vergessen

Selbst das beste Informations- und Berichtswesen kann die zwischenmenschliche Kommunikation in einem Projekt nicht ersetzen. Halten Sie – so intensiv, wie es Ihre Zeit erlaubt – den direkten Kontakt mit Ihren Mitarbeitern. Wenn Sie das nicht tun, entgehen Ihnen womöglich frühzeitige Signale auf Probleme oder Konflikte. Sie erfahren im Plenum nur schwer, wie der Einzelne den Projektfortschritt wirklich beurteilt, das aktuelle Klima im Team empfindet, Vorbehalte hegt oder sich über andere häufig ärgert.

### Beispiel

„Mit dem Kundentest liegen wir im Plan", hat Jeff Muller im Jour fixe gesagt. Doch die Projektleiterin beschleichen Zweifel. Hatte die Assistentin nicht neulich gesagt, dass der Testbogen, obwohl schon abgesegnet, noch einmal an die Entwickler zurückgegangen sei? Die Projektleiterin sucht Jeff auf. „Ich wollte ja nichts sagen im Jour fixe", rückt dieser heraus. „Aber der Programmierer wollte den Bogen unbedingt noch mal zurück, so informell. Es sei nur eine Kleinigkeit. Aber so wie der sich immer verkünstelt, seh' ich die Aussendung am 15. schon auf der Kippe." Sofort überlegen die beiden, wie sie das Problem lösen.

Übrigens: Das Einzelgespräch brauchen Sie natürlich auch, um Feedback zu geben. Achten Sie allerdings darauf, dass Sie durch eine ungleiche Verteilung der persönlichen Gespräche niemanden bevorzugen, übergehen oder gar vergessen.

Intensive Kommunikation in Projekten ist keine vertane Zeit. Regelmäßige Besprechungen im Team und informelle Gespräche sind wichtig für den Informationsaustausch, die Konsensbildung und die kooperative Problemlösung.

## Mit Teamregeln die Zusammenarbeit verbessern

Der Synergieeffekt der Teamarbeit tritt nur ein, wenn bestimmte Voraussetzungen gegeben sind. Gute Ausgangsbedingungen liegen vor, wenn prinzipiell

- Konsens über die Ziele besteht,
- Einigkeit über die Vorgehensweise herrscht,
- gemeinsame Normen befolgt werden,
- Rollen und Rollenverteilung geklärt sind.

Das Team kann sich auf bestimmte Grundsätze oder Verhaltensweisen einigen, damit der Umgang miteinander fair verläuft und die Teamarbeit eine soziale Grundlage hat. Folgende Vorsätze können Sie als Orientierungshilfe nehmen, aber natürlich auch eigene Regeln aushandeln.

## 10 Vorsätze für die Teamarbeit

- Im Projekt wird Verantwortung aufgabenbezogen und nicht hierarchiebezogen ausgeübt.
- Niemand sollte wichtige Informationen zurückhalten.
- Wenn abzusehen ist, dass wichtige Ziele gefährdet sind, sollte das sofort angesprochen werden.
- Wenn Fehler passieren, vermeiden wir Vorwürfe und Schuldzuweisungen.
- Wir sprechen offen über Probleme und arbeiten gemeinsam an ihrer Lösung.
- Wir fragen uns bei jeder Entscheidung: Was kommt danach?
- Alles, was einmal definiert wurde, kann auch wieder umdefiniert werden.
- Wir haben die Muße, fortlaufend zu reflektieren und unsere Ergebnisse in Frage zu stellen.
- Rückschläge nutzen wir dazu, nach den Ursachen zu forschen und es beim nächsten Mal besser zu machen.
- Wir bemühen uns, dicht am Kunden zu bleiben und uns immer wieder mit seinen Vorstellungen abzustimmen.

## Das Team kompetent führen

Eine weitere Voraussetzung für effiziente Teamarbeit ist, dass Sie als Projektleiter von Ihren Mitarbeitern akzeptiert werden. Das Team erwartet von Ihnen etwa:

- eine klare und gerechte Delegation der Aufgaben,
- einen Arbeitsstil, der sich durch „begründen statt befehlen" manifestiert,
- eine gewisse Transparenz der Entscheidungsfindung,
- Kooperationsfähigkeit,
- Kommunikationsfähigkeit,
- fachliche und menschliche Autorität.

**10 Vorsätze des Projektmanagers**

- Ich identifiziere mich mit dem Projektthema.
- Ich stelle das Team unter kreativen produktiven Druck und sorge dafür, dass sich ständig neue Motivationsstrukturen entwickeln.
- Ich denke positiv. Der Satz „Nein, das geht nicht" fällt in meinem Team schwer.
- Ich habe Erfolg, wenn mein Team erfolgreich ist.
- Ich bin mir bewusst, dass jedes Missmanagement bei den menschlichen Beziehungen beginnt.
- Ich versuche, auf die vielfältigen Erwartungen von allen Seiten flexibel zu reagieren und lasse Änderungen zu.

- Ich beziehe Autorität nicht aus meiner Position, sondern aus meinen Aufgaben.
- Ich bin hart in der Sache, aber fair und respektvoll gegenüber Menschen.
- Ich profiliere mich nicht auf Kosten anderer.
- Ich baue kein Schattenmanagement gegenüber der vorhandenen Firmenstruktur auf.

## Wann ist das Team gut?

Die Projektgruppe ist nur dann wirklich ein gutes Team, wenn sie auch aus eigener Motivation heraus die berühmte Teamfähigkeit fördert und praktiziert. Das heißt, die Beteiligten haben selbst ein Interesse daran ein herausforderndes Ziel gemeinsam zu erreichen. Sie haben den Wunsch zusammenzuwachsen und dabei zu lernen. In erfolgreichen Teams herrscht nicht nur der Wille, sich persönlich weiterzuentwickeln und Erfolg zu haben, sondern das eigene Weiterkommen in den Dienst der gemeinsamen Aufgabe zu stellen. Sicher gibt es auch in guten Teams Konflikte – aber diese werden genutzt, um sich als Gruppe weiterzuentwickeln.

> Der Teamarbeit gehört die Zukunft. Denn es ist unbestritten, dass Teams nicht nur produktiver sind, sondern auch schneller lernen können.

Jeder gewinnt – wenn dieses Gefühl bei allen vorhanden ist, ist eine wichtige Voraussetzung für die Entwicklung von Teamgeist gegeben. Im Einzelnen heißt dies: Ein gutes Team haben Sie, wenn

- sich alle darüber im Klaren sind, dass sie zusammen in einem Boot sitzen,
- alle an einem Strang ziehen,
- sich einer auf den anderen verlassen kann,
- die Sicherheit herrscht, dass jeder im Projekt etwas gewinnt,
- alle in dem Bewusstsein arbeiten, persönlich und als Gruppe etwas bewegen zu können,
- eine offene Haltung herrscht und jeder bereit ist, vom anderen etwas zu lernen,
- sich alle gegenseitig respektieren und Hilfsbereitschaft signalisieren, wenn es zu Problemen kommt,
- die Zusammensetzung unterschiedlicher Persönlichkeiten mit verschiedenen Denkansätzen nicht als störend empfunden, sondern als Stärke gesehen wird,
- effektiv gearbeitet wird und das Team zu hochwertigen Ergebnissen kommt.

## Verschiedene Rollen sind ausgefüllt

Der eine hasst Änderungen, der andere würde am liebsten schon heute umstoßen, was gestern noch galt. Die eine ist perfektionistisch veranlagt, der nächsten sind Details ein Gräuel. Mancher treibt die Dinge voran, mancher liebt die Analyse. Als Führungskraft werden Sie immer auf verschiedene Menschen stoßen, die ganz unterschiedliche Vorlieben haben und entsprechend handeln. Wenn Sie geschickt sind, setzen Sie sie entsprechend ihrer Fähigkeiten ein – lassen sie eine Rolle übernehmen, die ihrer Veranlagung entspricht.

Für die Teamarbeit gibt es nun ein berühmtes Modell – von Dr. von Meredith Belbin – das neun solcher unterschiedlicher Rollen definiert. Diese sind der Erfinder, der Weichensteller, der Koordinator, der Macher, der Beobachter, der Teamworker, der Umsetzer, der Perfektionist und schließlich der Spezialist. Die richtige Kombination verschiedener Rollen macht ein Team effizient. Allerdings: Es geht hier nicht um feste Charakterzuschreibungen, sondern um Tendenzen; die Grenzen zwischen den Rollen sind fließend, auch kann eine Person verschiedene Rollen ausfüllen.

Was Sie als Projektleiter tun können, ist, sich der unterschiedlichen Fähigkeiten Ihrer Mitarbeiter klar zu werden und auf ihr Zusammenspiel zu achten. Vielleicht brauchen Sie keine drei Spezialisten, sondern eher noch einen Macher.

## Durststrecken überwinden

In fast allen Projekten gibt es Durststrecken. Sei es, dass die Motivation der Mitarbeiter nachlässt (was wiederum auf vielfältige Gründe zurückgehen kann), ein bestimmtes Problem unlösbar scheint, der Auftraggeber mit einem Zwischenergebnis unzufrieden ist oder Unsicherheit über den Fortbestand des Projekts besteht. Und dann kann es passieren, dass sich auf einmal die Stimmung im Team verschlechtert.

## Beispiel

Die Projektleiterin lässt sich anfangs nicht davon beirren, dass zurzeit einzelne Teammitglieder lustlos erscheinen. Aber zunehmend wird sie unruhig. In den Teammeetings meint sie immer öfter, eine ungute Spannung zu verspüren. Jeff, dem sie inzwischen sehr vertraut, empfindet dies auch so. Als sich auch zwei ihrer Programmierer sehr unzufrieden äußern, beschließt sie, dass sie aktiv werden muss.

Vor allem, wenn die Leistung der Mitarbeiter allgemein nachlässt, ist es höchste Zeit einzugreifen, damit es nicht zu Krisen kommt oder gar der Projekterfolg gefährdet wird. Bei solchen Durststrecken kommt es auf zwei Dinge an:

- die Teammitglieder zu motivieren und
- das Team weiterzuentwickeln.

## Das Team weiterentwickeln

Kommt es zu massiven Problemen bei der Zusammenarbeit oder zu schwer wiegenden Differenzen zwischen Team und Projektleiter, sollten Sie eine Teamfortbildung ins Auge fassen. Oder Sie merken während des Projekts, dass Meetings zusehends uneffektiv verlaufen, immer häufiger Missverständnisse auftreten oder die Motivation und Identifikation mit dem Projekt nachlässt. Auch dann ist es höchste Zeit über Maßnahmen, die auf der Beziehungsebene greifen, nachzudenken, über Teamentwicklung.

Das kann heißen das Team durch Einkauf von Training oder Seminaren begleitend zum Projektverlauf zu schulen – in allen Aspekten, die sich auf die Beziehungsebene und die

Zusammenarbeit beziehen. Dies kann z. B. Kommunikation, systematische Arbeit, Entwicklung von Spielregeln, Durchführung von Meetings, Informationsaustausch und Dokumentation und anderes mehr betreffen. Wichtig ist, dass bei einer solchen Maßnahme am Anfang im Team geklärt wird, welche Probleme anstehen und was eigentlich erreicht werden soll. Wenn alle Aspekte diskutiert und ausgewertet wurden, müssen Sie überlegen, wie die Ziele erreicht werden können. Am Ende sollten Sie gemeinsam prüfen, was das Seminar gebracht hat und wo weitere Verbesserungen nötig sind. Ganz wesentlich kommt es hier natürlich auf die Rolle des Beraters an. Wenn Sie sich dazu entschließen das Team mit Hilfe von außen zu entwickeln, sollten Sie sich um eine kompetente Person bemühen.

Häufig ist es mitten im Projektverlauf schon zu spät für eine Teamentwicklung. Der sicherste Weg ist, bereits bei der Bildung des Projektteams damit zu beginnen.

Es gibt noch weitere Möglichkeiten:

- Teamentwicklung kann man als einen Prozess verstehen, den das Team während seiner Arbeit durchmacht im Sinne eines learning by doing – mit dem Ziel, permanent seine Leistung und seine Kommunikation zu verbessern. Im Klartext: Das Team rauft sich zusammen und arbeitet an sich.
- Und schließlich kann es auch zur Teamentwicklung gehören, dass der Projektleiter Mitarbeiter austauscht, wenn es mit Einzelnen zu so schwer wiegenden Konflikten kommt, dass das Projekt ausgebremst wird.

> Egal, wie die Teamentwicklung aussieht: Sie sollte immer zum Ziel haben, etwas zu verbessern, bevor Fehler auftreten.

## Wenn die Motivation nachlässt

Normalerweise herrschen in der Projektarbeit Bedingungen, die sich positiv auf die Motivation der Mitarbeiter auswirken: Eine innovative und komplexe Aufgabe bringt nicht nur neue und abwechslungsreiche Tätigkeiten mit sich, sondern stellt auch an das Können und die Kreativität jedes Einzelnen besondere Anforderungen. Als besondere Herausforderung spornt ein Projekt die Beteiligten zunächst oft an. Dennoch kann es passieren, dass die Motivation im Team nachlässt. Gründe hierfür können sein:

- zu geringe, aber auch zu hohe Anforderungen,
- zu viele Aufgaben auf einmal, eventuell zu viele Verpflichtungen in anderen Projekten oder in der Fachabteilung,
- zu großer Termindruck,
- zu wenig Handlungsspielraum, d. h. zu enge Vorgaben, was die Erfüllung der Aufgaben betrifft,
- zu wenig Feedback von Seiten des Projektmanagements oder des Projektleiters,
- zu wenig Anerkennung vom Kunden oder Auftraggeber,
- fehlender Teamgeist, teaminterne Konflikte,
- im schlimmsten Fall die Erkenntnis, dass das Projekt sinnlos ist.

Zudem kann es natürlich immer passieren, dass sich der einzelne Mitarbeiter unterbezahlt oder ungerecht behandelt fühlt oder persönliche Konflikte die Teamarbeit behindern.

Als Projektleiter können Sie solchen Motivationstiefs vorbeugen oder entgegenwirken. Versuchen Sie, die inhaltlichen Aufgaben so zu gestalten, dass die oben genannten Ursachen erst gar nicht eintreten.

Als besonders wichtig für die Förderung der Motivation hat sich auch erwiesen, dass die Kompetenzen in einem Projekt ganz klar abgesteckt sind und der Projektleiter regelmäßig Feedback gibt. In der Praxis ist kommt es nicht selten vor, dass der Auftraggeber bei Fehlern sofort Alarm schlägt, erbrachte Leistungen jedoch als selbstverständlich ansieht und daher kaum darauf reagiert. Dann sollte zumindest vom Projektleiter die nötige positive Rückkoppelung kommen.

## Checkliste: So motivieren Sie Ihr Team

- Achten Sie darauf, dass Konsens über die Ziele besteht – denn wer ein Ziel nicht akzeptiert, wird sich kaum dafür einsetzen, dass es erreicht wird.
- Die Ziele und die Aufgaben sollten immer eine Herausforderung sein, die Mitarbeiter aber nicht überfordern.
- Klären Sie Aufgaben, Kompetenzen und Verantwortung in Delegationsgesprächen mit den Mitarbeitern. Die im Projekt anfallenden Routinetätigkeiten sollten Sie möglichst gleichmäßig verteilen.

- Überzeugen Sie Ihre Mitarbeiter davon, dass sie auch schwierige Aufgaben bewältigen können. Ermuntern Sie sie dazu, eigene Visionen zu entwickeln.
- Versuchen Sie, alle Mitarbeiter gerecht und fair zu behandeln.
- Signalisieren Sie, dass Sie immer erreichbar und für ein persönliches Gespräch bereit sind.
- Unterstützen und fördern Sie die Teammitglieder gemäß ihren individuellen Fähigkeiten und Interessen.
- Motivieren Sie die Beteiligten zur Kooperation und zum Informationsaustausch.
- Betreiben Sie eine offene Politik: Begründen Sie Ihre Entscheidungen und beziehen Sie das Team eventuell in die Entscheidungsfindung mit ein. Halten Sie keine Informationen zurück.
- Sprechen Sie Ihre Kritik, aber auch Lob und Anerkennung immer sofort aus.
- Geben Sie auch in Frustphasen Feedback.
- Die gemeinsame Aufgabe sollte für jeden eine lohnende Sache sein.
- Bieten Sie Anreize durch persönliche Prämien.

# Das Projekt sicher im Griff

Sie haben nun Ihr Projekt von langer Hand vorbereitet, sorgfältige Pläne ausgearbeitet und ein hoffentlich hochmotiviertes Team zusammengestellt. Nun muss nur noch gearbeitet werden. Und dabei müssen Sie sicherstellen, dass auch alles nach Plan verläuft. Sie als Projektleiter werden jetzt zum Steuermann. Sie müssen das Projekt sicher in Richtung der Ziele führen – die Sie hoffentlich gut dokumentiert haben. Aber wenn Sie in Ihrer Planung sorgfältig gearbeitet haben, dann dürfte die Zielorientierung kein Problem sein.

## Planen ist wichtig, Kontrolle entscheidend

Schwieriger ist es hingegen, das Projekt auch bei Sturm auf Kurs zu halten. Die Sicherheit, dass die Pläne eingehalten und damit die Ziele erreicht werden, erhalten Sie nur durch Kontrolle. Sie fragen dabei:

- Sind wir auf dem richtigen Weg?
- Liegen wir noch in der Zeit?
- Halten wir die Kosten ein?
- Entsprechen die Ergebnisse unseren Vorstellungen und den Vorstellungen des Auftraggebers?
- Wie hoch ist die Wahrscheinlichkeit, gemessen am bisherigen Fortschritt unser Projektziel nach Plan zu erreichen?

Dazu stellen Sie den Ist-Zustand den Plandaten gegenüber. Das bedeutet natürlich auch, dass Sie die Ist-Daten entsprechend regelmäßig erfassen (lassen). Abweichungen sind dann die Grundlage für Plananpassungen, die Sie von entsprechender Stelle genehmigen lassen müssen.

> Zu unterscheiden von der projektinternen, ergebnisorientierten Kontrolle durch den Projektleiter ist die Kontrolle, die das Projekt als Ganzes im Blick hat. Dafür ist nicht immer der Projektleiter, sondern häufig auch eine andere Instanz verantwortlich, z. B. der Lenkungsausschuss. Im Prinzip kann diese übergeordnete Projektkontrolle alles beinhalten, was in der Planungs- und Organisationsphase des Projekts festgelegt wurde.

## Soll-Ist-Vergleiche stoßen Änderungen an

Viele Projektfortschritte sind messbar. Sie müssen dazu die Soll-Werte der Pläne mit den aktuell ermittelten Ist-Werten vergleichen. Voraussetzung für aussagekräftige Soll-Ist-Vergleiche ist allerdings, dass Sie messbare Kriterien für die Zielerreichung festgelegt und womöglich auch bestimmt haben, auf welche Weise die Daten ermittelt werden. So gehen Sie vor:

- Sie können klare Zahlen vorlegen, wenn Sie etwa die monatlich geplanten Kosten, z. B. für ein Arbeitspaket, mit den tatsächlich angefallenen Kosten vergleichen, sobald das Arbeitspaket wirklich abgeschlossen ist.
- Sie können geplante und tatsächlich eingehaltene Termine für bestimmte Aktivitäten oder Meilensteine einander gegenüberstellen.
- Sie können den Fortschritt messen, indem Sie z. B. pro Arbeitspaket das bisher erreichte Arbeitsergebnis mit der

bislang verbrauchten Zeit in Beziehung setzen. Dabei sollten Sie berücksichtigen, dass bei vielen Arbeiten eine Lernkurve existiert: Es bedarf einer gewissen Einarbeitungszeit, bis die Aufgabe effizient bearbeitet wird.

- Sie können Zwischenergebnisse oder Arbeitspakete aus den Plänen mit den erzielten Ergebnissen konkret vergleichen, wenn Sie bestimmte Qualitätsstandards festgelegt haben.

Sie können natürlich auch spezielle Controlling-Instrumente wie die Meilensteintrendanalyse einsetzen. Diese Analyse gibt Auskunft darüber, wie zuverlässig in der Vergangenheit Meilensteine eingehalten wurden, und daraus lässt sich ableiten, wie wahrscheinlich es ist, dass die zukünftigen Meilensteine auch termingerecht erreicht werden. Voraussetzung: Es ist klar, wie die Meilensteine voneinander abhängen.

Achten Sie auch noch auf folgende Punkte:

- Bestimmen Sie kompetente Mitarbeiter, die für die Überprüfung der Daten und Fakten zuständig sind. Legen Sie eventuell fest, auf welche Art und Weise etwas gemessen wird.
- Führen Sie Soll-Ist-Abgleiche regelmäßig durch.
- Berücksichtigen Sie die damit zusammenhängenden Tätigkeiten in all Ihren Plänen – auch Kontrollen müssen im Strukturplan, bei den Aufwänden und im Terminplan berücksichtigt werden.

### Nicht alle Fortschritte sind in Zahlen messbar

Nicht alle Projektfortschritte lassen sich in Zahlen ausdrücken. Wenn z. B. ein Computerprogramm entwickelt oder eine Marktstrategie entworfen wird, gibt es nicht zu jedem Zeitpunkt klar abgrenzbare Zwischenergebnisse oder konkrete Messdaten. Dann können Sie nur über die Kapazität bzw. Arbeitsstunden abschätzen, ob Sie noch gut im Rennen liegen und das Zwischen- oder Endergebnis nach Plan erreicht werden kann.

Achten Sie auf die Entwicklung der Teamarbeit. Der Projektfortschritt kann sich nämlich durchaus auch darin zeigen, wie effektiv Besprechungen durchgeführt werden, wie gut Kommunikation und Information funktionieren, wie motiviert die Mitarbeiter sind, wie sich das Team weiterentwickelt etc. Natürlich sind solche weichen Daten, abgesehen davon, dass sie vielleicht gar nicht im Zielkatalog festgehalten wurden, schwer verifizierbar. Aber wenn Sie hier Fortschritte erkennen können und keine Stagnation, dann dürfte sich Ihr Projektteam recht gut eingespielt haben.

## Wann Sie steuernd eingreifen

Sie stellen fest, dass Teilziele oder Termine nicht erreicht wurden oder realistischerweise nicht erreicht werden können. Dann müssen Sie steuernd eingreifen. Ein Lerneffekt entsteht aber nur, wenn Sie gleichzeitig versuchen, die Ursachen des Problems aufzudecken. Klären Sie deshalb zunächst in einer Team-Besprechung:

- Woran liegt es, dass die Zahlen abweichen?
- Stimmen die Zahlen überhaupt?
- Wo gab es Probleme?
- Wie kann man sie lösen?
- Sind die anderen Ziele noch erreichbar? Mit welchem Aufwand und bis wann?
- Wenn nicht, wer ist zu informieren?

## Konsequenzen ziehen

Bei Terminproblemen können Sie versuchen, einzelnen Teammitgliedern mehr Aufgaben zu übertragen oder Arbeiten parallel erledigen zu lassen. Oder Sie suchen gemeinsam nach Möglichkeiten, mehr Effizienz in die Abläufe zu bringen. Bei Kostenüberschreitung könnten Sie mehr Budget verlangen oder versuchen, dafür an anderer Stelle zu sparen. Wenn der Termin wackelt, könnten Sie die die Qualität reduzieren oder das Projekt abspecken, soweit dies möglich ist.

Wenn Änderungen unausweichlich werden, müssen Sie Ihren Vorgesetzten und den Auftraggeber auf jeden Fall informieren und sich mit ihnen über mögliche Konsequenzen abstimmen. Dazu kann es auch gehören bestimmte Ziele aufzugeben, Mitarbeiter auszutauschen, mehr Personal anzufordern oder die Pläne anzupassen. Möglicherweise wird auch eine erneute Prüfung des Problems notwendig.

## Eine Gelegenheit, Fehler zu reflektieren

Jede Abweichung von den Zielen ist eine Gelegenheit zu fragen, welche Ursachen dahinter stecken, und eventuelle

Fehler zu analysieren. Dies ist eine Aufgabe, die im Team erfolgen sollte. Dabei sollten Sie auch Ihr eigenes Verhalten und Ihre Entscheidungen hinterfragen. Überlegen Sie, ob sich bestimmte Dinge hätten vermeiden lassen können. Was hätte man besser machen können? Und was ist der Grund dafür gewesen, warum Beteiligte so und nicht anders gehandelt haben? Gibt es unter Umständen bestimmte Verhaltensmuster von Teammitgliedern oder von Ihnen, die Sie immer wieder vor vergleichbare Probleme stellen? Nehmen Sie Fehlentscheidungen zum Anlass an sich zu arbeiten. Und denken Sie daran: Nur wer bereit ist, aus Fehlern zu lernen, wird sie in Zukunft vermeiden. Natürlich ergibt sich nicht nur bei selbst verschuldeten Abweichungen die Notwendigkeit von Änderungen.

**Beispiel**

Eine veränderte Marktsituation überrascht Sie, der Auftraggeber verlangt zusätzliche Produktmerkmale oder ein Projektziel erweist sich auf einmal als nicht realisierbar.

Dies verlangt ein wirksames Änderungsmanagement, denn auch unvorhergesehene Ereignisse sollten das Projekt nicht gefährden – dafür steht bei den meisten Unternehmen zu viel auf dem Spiel.

## Andere informieren mit Statusberichten

In der Durchführungsphase wollen Auftraggeber, interne wie externe, aber auch die Mitglieder des Lenkungsausschusses oder die Geschäftsführung regelmäßig auf dem Stand gehalten werden. Wie es um Ihr Projekt steht, darüber können Sie natürlich auf verschiedene Weise informieren. Ob Sie ein formelleres Berichtswesen brauchen oder nicht, ob Sie regelmäßig Zahlen präsentieren müssen etc., wird vom Projekt und Ihrem Unternehmen abhängen. Ein offizielles Berichtsinstrument ist der Statusbericht.

In einem Statusbericht kommunizieren Sie den Projektfortschritt regelmäßig in kompakter, prägnanter und standardisierter Form. Statusberichte werden in Intervallen von einer Woche bis einem Quartal erstellt, was natürlich von der Größe und Dauer des Projekts abhängt. Der Vorteil eines standardisierten Berichts liegt darin, dass er schnell gefüllt ist, wenn die Daten und Fakten einmal vorliegen. Folgende Punkte werden mindestens berücksichtigt:

- Projektstand: allgemeiner Trend
- Projektstand für Termine, Kosten, Leistungen und Qualität
- Maßnahmen bei Abweichungen.

Daneben sollten erreichte Meilensteine, der Stand der momentan relevanten Arbeitspakete, Teilergebnisse etc., Planabweichungen wie Terminverschiebungen oder Änderung des Ablaufs, Berichtenswertes aus der Projektorganisation und Auftragsänderungen festgehalten werden. Oft wird der Statusbericht mit einem Ampelsystem ausgestattet, das auf drohende Gefahren hinweist. Wenn Sie akute Probleme darstellen, dann am besten mit Lösungen bzw. Steuerungsmaßnahmen. Auch besondere Aktionen oder Ereignisse, ein Ausblick auf die weitere Planung oder eine aktuelle Risikoanalyse sind hier gut aufgehoben.

> Sicher ist es nicht angenehm, wenn Sie im Statusbericht auf negative Entwicklungen hinweisen müssen. Wenn Sie jedoch Probleme verschweigen und später die Situation noch kritischer wird, fällt dies auf Sie zurück. Nutzen Sie den Statusbericht dazu, Lösungsvorschläge zu unterbreiten oder Alternativen aufzuzeigen. Dann werden Sie als Projektleiter wahrgenommen, der sich offensiv um die Dinge kümmert.

## Die Qualität sichern

Erinnern wir uns an die Ziele des Projektmanagements, die im magischen Dreieck zum Ausdruck kommen: Termine, Kosten und Qualität müssen gesichert sein. Qualitätssicherung ist wichtig, um

- die Zufriedenheit des Kunden sicherzustellen,
- die Motivation der Mitarbeiter zu fördern,
- die Nachfolgekosten, die z. B. durch Wartung, Reparatur, oder gar Rücknahmen entstehen können, zu minimieren,
- Projektrisiken zu vermeiden,
- das Image des Unternehmens zu verbessern,
- im Wettbewerb konkurrenzfähig zu bleiben.

Wie können Sie nun die Qualität sichern? Hierfür gibt es keine allgemeingültige Methode, schon weil es einen großen Unterschied macht, ob ein Serienprodukt, eine Anlage oder ein Computerprogramm erstellt wird.

Es gibt bewährte Managementinstrumente, die eine Steigerung der Qualität zum Ziel haben. So kann etwa Qualitätsmanagement auch in der Projektarbeit sinnvoll sein. Wir wollen hier nicht näher auf einzelne Instrumente eingehen, sondern aufzeigen, worauf es prinzipiell ankommt.

## Tipps für die Qualitätssicherung

- Stimmen Sie sich mit dem Auftraggeber oder Kunden rechtzeitig über die erwarteten Qualitätsmerkmale ab. Stellen Sie sicher, dass beide Seiten unter den – schriftlich fixierten – Merkmalen auch das Gleiche verstehen. Sonst kann es passieren, dass Sie an den Vorstellungen des Auftraggebers vorbeiproduzieren.
- Auch zu viel Qualität kann am Bedarf vorbeigehen. Vielleicht will Ihr Kunde nur einen einfachen Taschenrechner, den er überall hin mitnehmen kann, und Sie und Ihr Team entwickeln eine hochkomplizierte Rechenmaschine.
- Beziehen Sie das ganze Team in die Qualitätssicherung ein. Jeder Einzelne muss sich für das Erreichen des Qualitätsziels verantwortlich fühlen.
- Setzen Sie Meilensteine. Führen Sie regelmäßige Qualitätskontrollen durch. Suchen Sie Wege, um die erreichte Qualität messen und beurteilen zu können. Reflektieren Sie, was noch verbessert werden kann. Beteiligen Sie auch den Auftraggeber an den Qualitätsprüfungen.
- Achten Sie schon in der Anfangsphase auf die Einhaltung der Qualität. Steuern Sie Fehlern möglichst frühzeitig ent-

gegen. Versäumte Korrekturen werden gegen Projektende immer teurer.

- Halten Sie sich an den Grundsatz: Nicht nachträglich prüfen, sondern vorbeugend für Qualität sorgen. Das bedeutet: Schaffen Sie im gesamten Produktionsfeld die besten Voraussetzungen für gute Qualität, vor allem ausreichende Ressourcen und motivierte Mitarbeiter.

**Beispiel**

Bei Softwareprodukten werden häufig als Qualitätsmerkmale verlangt: Zuverlässig, fehlerfrei und wartungsfreundlich, bedienungsfreundlich und benutzerkomfortabel, verständlich, gut dokumentiert, änderungs- bzw. erweiterungsfreundlich, portabel, d.h. übertragbar auf andere Hard- oder Software, funktional und effizient.

Für eine Qualitätskontrolle in einem DV-Projekt gibt es verschiedene Möglichkeiten, diese Anforderungen zu überprüfen. Zwischenergebnisse können am einfachsten durch Tests kontrolliert werden, z. B. durch Probeinstallation, Akzeptanztests mit Benutzern, Testdurchläufe bei den Auftraggebern. Daneben wird die Qualität durch regelmäßige Walk Throughs, Reviews, die Auswertung der Statusberichte etc. kontrolliert.

## Review

Ein Review ist ein Instrument der Qualitätssicherung und Fortschrittsermittlung. Anhand einer individuellen Checkliste überprüfen Sie und Ihr Team das bisherige Ergebnis und kommentieren es. Gegebenenfalls kann auch der Auftraggeber mit einbezogen werden. Ein Review ergibt eine Nachbesserung oder die Abnahme der vorliegenden Arbeitsleistung bzw. des vorliegenden Produkts. Andere Begriffe für diesen Prozess sind Qualitätscheck oder Audit.

# Konflikte erkennen und vermeiden

Mit einigen Beispielen und Anregungen wollen wir Ihnen nun noch das Thema „Konflikte im Projekt" näherbringen.

## Wo entstehen Konflikte?

In jedem Projekt treten Hindernisse und Konflikte auf – und zwar viel eher sozialer als inhaltlicher Art. Ein Projektleiter, der behauptet, bei ihm gäbe es keine Schwierigkeiten, ist entweder ein Schönredner, ein Verdränger oder sein Team ist ihm eigentlich vollkommen fremd – und in allen drei Fällen wird er damit selbst zu einem Problem für das Projekt. Tatsächlich könnten die Möglichkeiten, Konfliktpotenzial in ein Projekt einzubauen oder dem Vorhaben Steine in den Weg zu legen, hier endlos aufgezählt werden.

### Konflikte im Team

#### Beispiel

Die Projektleiterin will, dass das Kunden-Testing für weitere Projekte genau dokumentiert wird. Doch sie hat die Aufgabe nicht unmissverständlich delegiert, sondern darauf vertraut, dass die Assistentin schon weiß, was hier zu tun ist. „Und wo steht, dass ich dafür auch noch zuständig bin?", klagt diese, als Karen sie anspricht. „Du bist nun mal für die Verwaltung des Kunden-Testings verantwortlich", entgegnet Karen. Da wird

Tanja pampig: „Ich bin grad ausgelastet bis zur Oberkante. Wenn du das im Plan vergessen hast, muss es eben warten." Karen ist erstaunt. So hat Tanja noch nie mit ihr gesprochen. Ist da vielleicht noch etwas anderes im Busch?

Häufig läuft im Team etwas schief, weil Mitarbeiter sich überlastet fühlen, Absprachen nicht eingehalten werden, rigide Planvorgaben die Arbeit bremsen, Informationen nicht weitergeleitet werden, nicht klar ist, wer was zu tun hat, Rivalitäten im Projekt ausgetragen werden, zu wenig besprochen wird, einzelne Mitarbeiter unmotiviert sind oder sich drücken, die Chemie zwischen Projektleiter und Team nicht stimmt usw.

Als ganz typische Konfliktquellen können Sie die folgenden vier Bereiche im Auge behalten:

- Uneinigkeit über Ziele, Aktivitäten und die Richtung,
- unrealistische Schätzungen und Pläne,
- fehlender Teamgeist,
- zwischenmenschliche Konflikte, d.h., die Beteiligten haben unterschiedliche Interessen oder stehen in Konkurrenz zueinander.

Projekte werden von Menschen geplant und durchgeführt. Und menschliche Einflussfaktoren lassen sich nicht vorhersagen oder programmieren. Wer psycho-soziale Prozesse im Team berücksichtigt, kann sowohl den komplexen Anforderungen eines Projekts als auch den Bedürfnissen der Teammitglieder besser gerecht werden.

### Konflikte zwischen Projektleitung und anderen

Reibereien können auch außerhalb des Teams entstehen, wenn etwa Differenzen zwischen Management und Projektleiter nicht ausgeräumt werden, verantwortliche Stellen auf einmal nicht mehr hinter dem Projekt stehen, ein Konkurrenzkampf zwischen Abteilungen und Projektstellen herrscht, über die Kompetenzverteilung zwischen Linien- und Projektmanagement gerangelt oder um Ressourcen gestritten wird.

Sie haben es als Projektleiter kaum in der Hand, solche Spannungen oder Bedrohungen zu verhindern. Aber wer sensibel genug gegenüber Stimmungen ist und Warnzeichen zu deuten weiß, kann drohende Konflikte vielleicht rechtzeitig orten und mit entsprechenden Maßnahmen entgegensteuern.

## Konflikte frühzeitig erkennen

Bei der Erkennung von Konfliktpotenzialen kommt es ganz besonders auf Ihre Fähigkeit an, Menschen einzuschätzen und gruppendynamische Prozesse zu erkennen:

- Achten Sie darauf, wie die Zusammenarbeit funktioniert. Werden Verantwortungen übernommen und Aufgaben erfüllt? Agiert das Team zielorientiert? Kommen kreative Vorschläge zu Stande?
- Schätzen Sie jeden Mitarbeiter einzeln ein. Prüfen Sie, welche Rolle er in der Gruppe übernimmt, ob diese Rolle seinen Fähigkeiten und Aufgaben entgegenkommt und ob sie von den anderen akzeptiert wird.

- Integrieren Sie Außenseiter. Auf Kosten anderer sollte sich niemand im Team profilieren können.
- Prüfen Sie außerdem: Hat das Team eine gute Kommunikationskultur? Werden Informationen weitergegeben? Werden Probleme offen angesprochen oder nur „hintenherum" weitergereicht? Ist das Team konfliktfähig, kann es mit Hindernissen von außen und mit internen Schwierigkeiten umgehen? Besteht Einigkeit im Team, oder gibt es Mitglieder bzw. Gruppen, die sich gegenseitig bekämpfen oder ignorieren?

## Beispiel

Eine nicht zu unterschätzende Konfliktquelle ist Konkurrenz zwischen den Mitarbeitern. Betrauen Sie zwei Kontrahenten in mit einer gemeinsamen Aufgabe, können Sie sicher sein, dass hier genügend Stoff geliefert wird, um die Atmosphäre im Team zu vergiften. Wer seine Mitarbeiter diesbezüglich nicht genau kennt, kann böse Überraschungen erleben.

Werden Termine schon in einer frühen Phase verschleppt, ohne dass Konsequenzen gezogen werden, weil jeder nur vor sich hin wurstelt, müssen später immer mehr Beteiligte darunter leiden. Es treten Folgefehler auf, deren Ursache man dann nicht mehr so einfach feststellen kann. „Ja, da hatten wir keinen Einfluss drauf." – „Hättet ihr doch mal eher ..." – „Warum sollen denn wir jetzt auf einmal Schuld sein ..." So lauten dann die Vorwürfe der Streithähne. Und ob der Konflikt in einer solchen Atmosphäre noch zu lösen ist, bleibt fragwürdig.

> Konfliktmanagement fängt am besten immer mit Konfliktvermeidung an. Ist ein Konflikt erst einmal eskaliert, wird es schwierig, das Team wieder zusammenzuschweißen. Daher gilt: Je früher die Gefahr erkannt wird, desto eher lässt sie sich auch bannen.

## Wie Sie Konflikte lösen

Sobald konkrete Probleme auftreten, sollten Sie versuchen, sie in einer Teamsitzung anzusprechen. Schuldzuweisungen sind zu vermeiden. Forschen Sie gemeinsam nach den Ursachen. Wenn das Team fähig ist das Problem offen zu erörtern, kann es auch kooperativ nach einer Lösung suchen.

Häufig geht es eher um emotionale Konflikte. d. h. bestimmte Sachprobleme werden vorgeschoben, wenn es eigentlich um Gefühle geht. Emotionen dürfen aber kein Tabu sein. Sie sollten jedoch gerade hier auf eine sachliche und faire Auseinandersetzung achten.

Es gibt eine Reihe von Strategien, mit denen Konflikte gelöst werden können, ob die Parteien nun verhandeln, sich auf einen Machtkampf einlassen, der Projektleiter als Schiedsrichter eine Entscheidung herbeiführt, der Konflikt einfach aufgeschoben oder doch noch kooperativ gelöst wird. Hier können Sie sich nur von Ihren Erfahrungen, der jeweiligen Situation und den aktuellen Bedingungen leiten lassen. Auf jeden Fall sollten Sie nicht abwarten, bis es zur Eskalation kommt. Denken Sie auch noch an die Möglichkeit der Teamentwicklung, unter Umständen mit Hilfe eines Beraters.

# Projekte sauber abschließen

Bei der abschließenden Kontrolle sollten Sie den gesamten Projektverlauf daraufhin untersuchen, ob die Ziele (Qualität, Budget, Termine) auch erreicht wurden. Nicht nur das Endergebnis (Produkt) sollten Sie dabei im Auge haben, sondern auch den Projektverlauf. Sie fragen dabei:

- Wie war der Plan – wie ist das Ergebnis?
- Warum gab es Abweichungen?
- Welche zusätzlichen Ergebnisse haben wir erzielt?
- Wie hat sich das Team entwickelt?

Eine Produktprüfung kann auch erst nach einiger Zeit erfolgen, z. B. bei einer Software-Entwicklung drei bis sechs Monate, nachdem der Auftraggeber das System erhalten hat. Dabei sollten Sie den Kunden einbeziehen.

## Was gehört zur Abschlusskontrolle?

Im Einzelnen können folgende Punkte abschließend überprüft werden, wobei wir uns hier auf die für den Projektverlauf relevanten Daten beschränken:

| Abschlusskontrolle eines Projekts |
|---|
| **Termine** |
| ▪ Soll-Ist-Vergleich<br>▪ Analyse der Abweichungen: Warum wurden die Termine überschritten? Was sind typische Ursachen für die Verzögerungen? |
| **Personal** |
| ▪ Auswertung der Kapazitäten:<br>▪ Wo lagen Schwachstellen?<br>▪ Welche sind typisch und können in zukünftigen Projekten berücksichtigt werden?<br>▪ Wo gab es Probleme (Führungsprobleme, Kompetenzen, Zusammenarbeit, Arbeitsverteilung, Konflikte)? |
| **Kosten** |
| ▪ Wie hoch sind die tatsächlichen Kosten?<br>▪ Welche Faktoren haben die Kostenüberschreitung verursacht? |

## Kennzahlen geben Aufschluss

Zudem können Sie bestimmte Kennzahlen festschreiben, die als Maßstäbe oder Erfahrungswerte für andere Projekte hilfreich sind, z. B.:

- Fluktuationsquote: Wie viele Mitarbeiter sind gegangen, wie viele kamen dazu, wie viele haben durchschnittlich pro Phase mitgearbeitet?

- Krankenstand,
- Erfahrungsstand der Mitarbeiter (unerfahren, erfahren, sehr erfahren), evtl. bezogen auf einzelne Phasen,
- Aufwand des Projekts: nach Tätigkeiten gegliedert, im Team, für die Projektleitung, für intern und projektextern Beteiligte,
- Anzahl der Änderungen pro Phase,
- Kosten der Änderungen,
- Anzahl an Tests, Reviews.

### Abschlussberichte erstellen

Auch jetzt müssen Sie wieder alle, die vom Projekt direkt oder indirekt betroffen sind, über den Abschluss und die Ergebnisse informieren. Hier überlegen Sie:

- Für wen ist die Dokumentation (Berichte etc.)? Wer war beteiligt? Wer sind die Kunden? Wer im Unternehmen braucht die Ergebnisse (Vorgesetzte, Unternehmensleitung etc.)? Wem sonst könnten die Ergebnisse von Nutzen sein?
- In welcher Form ist die Dokumentation sinnvoll?
- Wer soll sie bis wann erstellen?

## Das Ende bewusst gestalten

Jedes Projekt sollte einmal ein Ende finden. Dies ist jedoch gar nicht so selbstverständlich, wie es auf den ersten Blick scheint. Sehen wir einmal von solchen Projekten ab, die wegen inhaltlicher Probleme unrealisierbar geworden sind oder bei denen sich die Rahmenbedingungen so verändert haben, dass ihr Ende bewusst herbeigeführt wurde, dann können Projekte auch noch ganz anders scheitern.

## Wie Projekte nicht zu Ende gehen sollten

- Das Projektteam und der Projektleiter schieben das Ende immer wieder wegen angeblich dringender Zusatzaufgaben hinaus. Dabei schaffen sie es, alle anderen mit Scheinergebnissen zu blenden. So gut wie dieses Projekt wurde noch keines unternehmensintern verkauft. Aber so wenig hat auch noch keines gebracht.
- Das Projekt schleppt sich so dahin, ohne dass erkennbare Ergebnisse erzielt werden. Jeder im Unternehmen weiß „Ach ja, da gibt es ja dieses Projekt." Aber Näheres weiß man nicht. Und dass dabei auch nichts herauskommt, scheint niemanden zu stören. Alle warten mehr oder weniger nur noch auf ein Machtwort von oben, das dem Projekt ein Ende setzen soll – egal ob mit oder ohne Ergebnis.
- Das Projekt hat bis zu einem Fertigstellungsgrad von 90 Prozent einen sehr zügigen und optimistischen Verlauf aufgewiesen. Nun geht auf einmal nichts mehr weiter – obwohl das Team verstärkt und die finanziellen Mittel aufgestockt wurden, bleibt das Projekt stecken.
- Das Projekt verläuft mehr oder weniger im Sand. Die Projektorganisation wird aufgelöst und noch zu erledigende Aufgaben werden an irgendeine Stelle aus der Linienorganisation delegiert.

- Das Projekt scheitert an einer destruktiven Atmosphäre. Alle Teammitglieder sind nach und nach abgewandert, schließlich schmeißt auch die Projektleitung das Handtuch. Daraufhin wird das Projekt aufgelöst und niemand spricht mehr darüber.

Überzeichnete Fälle? Tatsächlich wird es in der Praxis oft versäumt, Projekte – sogar wenn sie erfolgreich waren – zu einem geregelten und systematischen Abschluss zu führen. Oft passiert dies natürlich, wenn ein Projekt erfolglos war.

## Warum wird ein geregeltes Ende oft umgangen?

Eine Rolle spielt sicher, dass bei unbefriedigendem Projektverlauf am Ende niemand mehr motiviert ist und das allgemeine Interesse am Ergebnis gegen Null absinkt. Somit will sich auch keiner mehr die Mühe machen, noch etwas in das Projekt zu investieren – seien es die eigenen Nerven, Zeit oder Geld. Oder niemand im Unternehmen will zugeben, dass ein prestigeträchtiges Projekt letztendlich gescheitert ist – weder das Team, Projektleiter noch Management fühlen sich bemüßigt, unbequeme Wahrheiten zu Tage zu fördern, und so wird das Scheitern einfach verdrängt. Und schließlich kann die Unsicherheit, wie es für die Mitarbeiter nach dem Projekt weitergeht, dazu führen, dass sie am Projekt klammern und die Zielerreichung hinausschieben.

## Was haben wir wirklich erreicht?

Jedes Projektende sollte bewusst gestaltet werden – ganz egal, ob die Ziele erreicht wurden oder nicht. Denn nur, wer sich mit positiven wie negativen Ergebnissen auseinander setzt, lernt etwas für die Zukunft. Auch ist der Erfolg in einem Projekt immer relativ zu sehen: Ist ein Projekt auch dann erfolgreich, wenn zwar das gewünschte Ergebnis erzielt wurde, aber die Hälfte aller Beteiligten danach sagen: „Nie wieder!" Oder ist ein Projekt unbedingt gescheitert, wenn sich nach einigen Wochen herausstellt, dass es nicht zu realisieren war, aber alle Beteiligten über diese Notwendigkeit Konsens erzielen konnten?

Als Projektleiter müssen Sie versuchen, das Projektende bewusst zu gestalten. Als zweiten Schritt sollten Sie dann Bilanz ziehen, schon allein, um herauszufinden, wie es allen Beteiligten mit dem Projekt ergangen ist. Nur so erfahren Sie auch, was Sie beim nächsten Mal besser machen können. Einige Punkte, die Sie dabei berücksichtigen können:

### Checkliste: To Dos zum Projektende

- Planung bis zum Schluss und Planung des Endes: Was steht noch aus? Was muss noch offiziell beendet werden? Was steht an Nachfolgearbeiten an?
- Durchführen einer Abschlusskontrolle.
- Einigung mit dem Auftraggeber über noch zu erbringende Leistungen oder Nachbesserungen, den Abschlusstermin,

die offizielle Abnahme des Ergebnisses, Testverfahren und Kontrollen.

- Planung und Durchführung einer Abschlusssitzung, in der alle Ergebnisse im Team analysiert werden. Dabei sollten Sie auch weiche Daten einbeziehen. Was hat das Team, was hat jeder persönlich erreicht?
- Ziehen Sie als Projektleiter auch eine persönliche Bilanz: „Was habe ich gelernt?"
- Klären Sie rechtzeitig bei den verantwortlichen Stellen im Unternehmen, wie es für die Mitarbeiter weitergeht. Führen Sie mit Ihren Mitarbeitern früh genug ein Gespräch über ihre Zukunftsperspektiven.

## Feiern Sie!

Ein gelungenes Projekt sollte einen würdigen Abschluss finden. Feiern Sie Ihren Erfolg! Mit einem kleinen Fest in entspannter Atmosphäre wird die Sache abgerundet. Eine eher offizielle Abschlussfeier hebt den Stellenwert des Projekts hervor und hinterlässt einen guten Eindruck im Unternehmen. Gerade wenn es gegen Ende hin für alle Beteiligten sehr anstrengend war, sollten Sie unbedingt einen positiven Schlussstrich ziehen. Laden Sie Ihr Team und alle betroffenen Mitarbeiter ein, die Vorgesetzten und Abteilungsleiter, Ihren Auftraggeber und Ihren Kunden. Heben Sie in einem Resümee jeden Ihrer Mitarbeiter heraus. Das Projekt ist nur geglückt, weil alle zusammen ein Ziel verfolgt haben. Ermutigen Sie alle, so weiterzumachen. Und lassen auch Sie sich feiern.

## Auf einen Blick: Projekte zum Erfolg führen

- Mit einem Kick-off-Meeting oder einem Projektstart-Workshop starten Sie die Teamarbeit. Hier erzielen Sie Konsens über die Ziele des Projekts und die Regeln zur Zusammenarbeit, legen Dokumentation und Informationswege fest.
- Regelmäßige Statusmeetings und effiziente Teambesprechungen halten alle Beteiligten auf dem Laufenden und geben Raum für Diskussionen und Fragen.
- Es gibt viele Faktoren, die in der Teamarbeit motivierend wirken. Dazu gehören gemeinsame Normen, eine passende Rollenverteilung im Team genauso wie die Bereitschaft aller, das gemeinsame Ziel zu verfolgen. Sie als Projektleiter können z. B. durch eine offene Politik, Fairness, regelmäßiges Feedback und frühzeitige Konfliktbearbeitung wesentlich dazu beitragen, dass Ihr Team erfolgreich ist.
- Zum Ende des Projekts gehören: Abschlusskontrolle und -bericht sowie Abnahme durch den Auftraggeber. Eine abschließende Teamsitzung und eine persönliche Bilanz ermöglichen es Ihnen, Erfolge zu würdigen und Fehler zu erkennen, um daraus zu lernen.

# Training
# Projektmanagement

# Das ist Ihr Nutzen

Viele Projekte enden erfolgreich. Doch die meisten kommen erst gar nicht aus den Startlöchern, enden im Chaos oder verlaufen im Sande. Als angehender Projektleiter wollen Sie vor allem eines wissen: Was können Sie tun, um das zu verhindern? Ganz einfach: Üben Sie den Ernstfall! Mit diesem TaschenGuide haben Sie die Möglichkeit dazu.

Aus meiner Trainingserfahrung habe ich für Sie Übungen mit Lösungen zu den wichtigsten Bereichen des Projektmanagements sowie zu den Kernkompetenzen und -aufgaben eines Projektleiters zusammengestellt. Damit Spaß beim Lernen und zugleich Realitätsnähe garantiert sind, biete ich Ihnen in den Übungen die Projektleitung in einem imaginären Unternehmen an. „Ihr" Projekt ist der erstmalige Gang des Unternehmens auf die Computermesse CeBIT. Zwischendurch verschone ich Sie nicht mit Fragen zu vielen anderen Projekten. Das regt Sie an, flexibel zu denken, und Sie lernen eine gewisse Bandbreite an Projektmöglichkeiten kennen - und dadurch natürlich auch die Gemeinsamkeiten! Wir sagen Ihnen vor jeder Übung, wie lange Sie ungefähr dafür brauchen sollten, das erleichtert Ihnen die Orientierung. Papier und Stift sind als ständige Begleiter Ihres Trainings recht praktisch.

Mit diesem kompakten Trainingsprogramm schaffen Sie die besten Voraussetzungen dafür, in einigen Wochen einen Erfolg feiern zu können!

# Den Einstieg ins Projektmanagement finden

In diesem Kapitel lernen Sie:

- auf was es grundsätzlich ankommt,
- was zu den Aufgaben des Projektleiters gehört,
- was die Voraussetzungen für erfolgreiche Projekte sind,
- wie ein Projekt typischerweise abläuft.

# Darum geht es in der Praxis

Ein Projekt zu leiten ist eine spannende und herausfordernde Aufgabe. Bestimmt freuen Sie sich über das Vertrauen, das Ihnen die Geschäftsführung mit der Leitung eines Projekts entgegenbringt.

Gerade wenn Sie zum ersten Mal ein Projekt managen sollen, quälen Sie aber auch viele Fragen: Bin ich überhaupt ein Projektleiter-Typ? Was zeichnet gutes Projektmanagement aus? Auf was kommt es wirklich an, was darf ich auf keinen Fall vergessen, welche Fettnäpfchen lauern auf mich? Welche Aufgaben kommen auf mich zu und wer unterstützt mich bei welchen Aufgaben? Wie verhalte ich mich gegenüber meinem Team? Nicht nur „Anfänger" beschäftigen diese Fragen, auch erfahreneren Projektleitern unterlaufen immer wieder typische Fehler, die das Projekt im schlimmsten Fall sogar scheitern lassen.

Wenn Sie die Übungen in diesem Kapitel bearbeiten, können Sie sich selbst viele dieser Fragen beantworten. Sie erhalten hier den groben Überblick - ins Detail gehen wir später. Dadurch gewinnen Sie größere Sicherheit für Ihren Einstieg und Sie werden sehen: Es ist viel leichter, als Sie denken! Wer einige Grundprinzipien beachtet und in der Praxis umsetzt, stellt wichtige Weichen für den Erfolg seines Projektes.

# Auf was es ankommt

## Wie schätzen Sie sich ein? 5 min

Beantworten Sie - ohne lange zu überlegen - die folgenden Aussagen mit Hilfe einer Bewertungsskala von 1 bis 5 (1 = trifft voll und ganz zu, 2 = im Wesentlichen, 3 = teilweise, 4 = kaum, 5 = gar nicht).

| | 1 | 2 | 3 | 4 | 5 |
|---|---|---|---|---|---|
| Ich setze mir bei meiner Arbeit Ziele, was ich an einem Tag / in einer Woche / in einem Monat erledigen möchte. | | | | | |
| Bevor ich größere Aufgaben beginne, überlege ich mir Arbeitsschritte und setze mir Termine. | | | | | |
| Vereinbarte Termine halte ich ein. | | | | | |
| Arbeiten, die ich nicht unbedingt selbst erledigen muss, delegiere ich. | | | | | |
| Ich schätze die Dauer der Aufgaben richtig ein. | | | | | |
| Wenn ich mich für etwas entschieden habe, verfolge ich das Ziel konsequent. | | | | | |
| Ich arbeite strukturiert und bin gut organisiert. | | | | | |
| Ich schätze klare Vorgaben und kläre diese, bevor ich mit einer Aufgabe beginne. | | | | | |
| Entscheidungen quälen mich nicht lange, da bin ich eher pragmatisch veranlagt. | | | | | |
| Andere hören mir gerne zu und lassen sich von meinen Argumenten überzeugen. | | | | | |
| Ich vertrete eindeutige Meinungen und setze sie gegenüber Kollegen und Vorgesetzten durch. | | | | | |
| Kollegen schätzen es, wenn ich bei der Lösung von Konflikten helfe. | | | | | |

| | 1 | 2 | 3 | 4 | 5 |
|---|---|---|---|---|---|
| Ich finde leicht Kontakt zu anderen, auch zu Menschen, die ich nicht kenne. | | | | | |
| Ich verstehe mich als Serviceanbieter für unsere Kunden und finde heraus, was diese wollen. | | | | | |
| Mit meiner Einschätzung anderer liege ich meistens richtig. | | | | | |
| Ich kenne viele Kollegen im Unternehmen und spreche gerne und oft mit ihnen. | | | | | |
| Ich präsentiere meine Ideen und Arbeitsergebnisse gerne vor anderen. | | | | | |
| Ändern sich die Voraussetzungen für eine Aufgabe, kann ich mich schnell darauf einstellen. | | | | | |
| Ich mache meine Arbeit sehr gründlich. | | | | | |
| Mir ist wichtig, dass ich Wichtiges schriftlich festhalte und meine Notizen und Arbeitsunterlagen schnell finde. | | | | | |
| Bei wichtigen Aufgaben verschaffe ich mir einen Überblick und behalte diesen im Auge. | | | | | |

Die Aussagen betreffen eine Auswahl der wichtigsten Projektleiterkompetenzen. Haben Sie sich überwiegend positiv eingeschätzt? Dann können Sie bereits vieles, was Ihren Erfolg als Projektleiter ausmachen wird. Wo haben Sie sich nicht ganz so positiv eingeschätzt - und warum? Nehmen Sie das als Anregung, sich diesen Bereichen intensiver zu widmen. Aber: Nicht alle dieser Fähigkeiten müssen Sie perfekt beherrschen, um erfolgreich zu sein. Und: Projektmanagement kann man lernen, wenn man weiß, worauf es ankommt. Die folgenden Übungen sind der Anfang!

## Ihre erste Aufgabe

**Übung 1**
**5 min**

Wir beginnen gleich mit der Arbeit: Stellen Sie die 30 wichtigsten Telefonnummern zusammen. Nutzen Sie dabei das örtliche Telefonbuch. Sie haben nur 5 Minuten Zeit. Achten Sie darauf, dass Sie die Zeit nicht überschreiten.

## Lösung

Haben Sie die 30 wichtigsten Telefonnummern zusammengestellt? Sind es die wichtigsten Nummern für Notfälle, den Beruf oder aus dem Freundschaftskreis geworden? Oder haben Sie sich einfach gedacht: Was bedeutet schon wichtig? Sie werden wahrscheinlich den Eindruck haben, dass Sie für die Übung zu wenig Zeit hatten. Das zeigt Ihnen, worauf es ankommt: die Klärung des Ziels - bevor Sie eine Tätigkeit beginnen. Denn: Was werden Sie mit diesen Telefonnummern tun? Werden Sie Ihnen bei der Arbeit helfen? Sie merken: Um beurteilen zu können, ob ein Vorhaben erfolgreich war, sind Qualitätskriterien notwendig. Das heißt: Woran messen Sie, ob Sie die 30 *wichtigsten* Telefonnummern ausgesucht haben? Ob Sie damit im nächsten Jahr 5 neue Kunden gewinnen? Ob Sie damit die Gesprächsdauer Ihrer Telefonate auf 1 Minute reduzieren?

Egal, ob Ihnen viel oder wenig Zeit zur Verfügung steht: Wenn nicht deutlich ist, wozu und für wen Sie etwas machen, dann wird Ihr Projekt in die falsche Richtung laufen. Kurz: Das Ziel muss klar sein. Und es muss genau definiert sein, was die Kriterien für die Erreichung des Ziels sind.

## Und die Kosten?

**Übung 2**
**2 min**

Zeit spielt eine wesentliche Rolle. Und Qualität - Ihre Telefonnummern sind nur so gut, wie Sie es in Ihrem Ziel. festlegen Sie werden sagen: In 5 Minuten - wer schafft das schon in so knapper Zeit! Sie haben recht: Die Qualität Ihrer Nummern ist auch von der Zeit abhängig, die Sie in Ihre Suche investieren. Und im realen Berufsleben? Wer sucht da schon Telefonnummern? Wie wäre es aber, wenn wir Sie für diese Suche bezahlen würden? Was würde sich dann ändern?

## Lösung

- Brauchen Sie mehr Zeit, steigen die Kosten.
- Haben Sie mehr Zeit zur Verfügung, steigt die Qualität.
- Soll die Qualität hoch sein, brauchen Sie mehr Zeit.
- Soll der Termin trotzdem eingehalten werden, müssen Sie andere Personen einspannen und die Kosten steigen.

### Praxistipp

Das sog. magische Dreieck des Projektmanagements zeigt, was jeder Projektleiter ständig im Blick behalten muss: Jede Änderung eines Faktors wirkt sich auf die anderen zwei Faktoren aus.

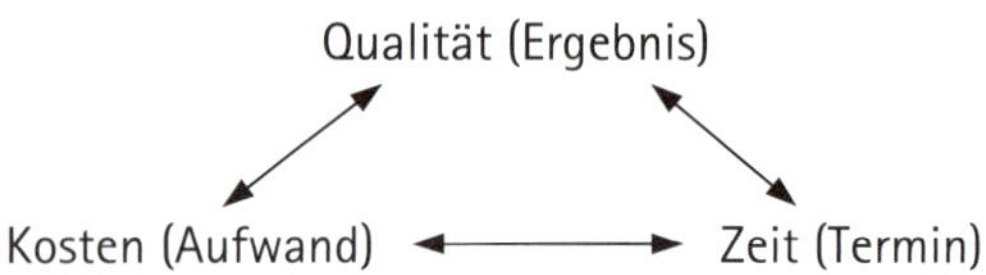

# Die Grundprinzipien verstehen

## Erfolgsfaktoren kennen

**Übung 3**
**5 min**

Ein Freund berichtet Ihnen von seinem letzten Projekt. Finden Sie heraus, wer sich anders verhalten hätte sollen und welche Umstände zum Scheitern des Projektes geführt haben: „Furchtbar, dieses Projekt! Ständig kamen Auftragsänderungen von oben. Der Vorstand wusste überhaupt nicht, was er wollte. Der Projektleiter hatte keine Erfahrung und keine Vorstellung, wie er was machen soll. Also war jeder sein eigener Projektleiter und jeder wusste besser, wie man richtig vorgeht. Und überhaupt: Die Bereichsleiter hatte nur Personen fürs Team abgestellt, die sie selbst nicht brauchen konnten. Lauter „Leistungsträger"! Das war kein Projektteam, das war eine Selbsterfahrungsgruppe. Nur Streit, ständig warf der eine dem anderen vor, ihn nicht informiert zu haben. Und natürlich wurden wir Monate nach dem geplanten Termin fertig. Ich möchte gar nicht erst wissen, wie weit das Budget überschritten war!"

### Lösungstipps

- Welche Personen/Gruppen sind an dem Projekt beteiligt?
- Von welchen Personen/Gruppen und Missständen im Unternehmen hängt der Erfolg stark ab?
- Auf welche Faktoren kommt es besonders an, wodurch sind hier Probleme entstanden?

## Lösung

Drei Personengruppen beeinflussten den Erfolg des Projekts:

- Der Auftraggeber, in diesem Fall der Vorstand: Projekte sind nur so gut, wie das Management es will.
- Der Projektleiter: Je professioneller er ist, umso besser.
- Das Projektteam: In ein Projektteam gehören Personen, die wirklich kompetent und nicht nur abkömmlich sind. Information und Kommunikation sind unverzichtbare Voraussetzungen für eine gute Zusammenarbeit.

Vier Faktoren trugen zum Misserfolg des Projekts bei:

- mangelnde Methodenanwendung: Ohne die Werkzeuge des Projektmanagements geht es nicht.
- mangelnde Kommunikation und Information: Das Team kann nur gut zusammenarbeiten, wenn jeder gut informiert ist - durch Kommunikation.
- Konflikte: Projekte stören die üblichen Abläufe und meist haben die Beteiligten unterschiedliche Interessen, also sind Konflikte unvermeidlich. Der Projektleiter ist hier permanent gefordert, Konflikte zu erkennen und zu regeln.
- Zieländerungen: Ständig wechselnde Ziele machen den Erfolg unmöglich. Man sollte also wissen, was man will.

## Die Aufgaben des Projektleiters kennen

**Übung 4**
**5 min**

Als Projektleiter haben sie die unten genannten vier Kernaufgaben zu bewältigen. Welche Ihrer Fähigkeiten setzen Sie dabei ein? Ordnen Sie die Kompetenzen, die Sie aus dem Eingangstest von Seite 135 kennen, diesen Aufgaben zu. Hier sind sie noch einmal: Ziele setzen, delegieren, Termine einhalten, überzeugen, Menschen einschätzen, Flexibilität, Kundenorientierung, guter Blick fürs Ganze, präsentieren, sich durchsetzen, Konflikte schlichten, Entscheidungen treffen, Kontakte herstellen, Pläne erstellen, konsequent vorgehen, Termine setzen, Methoden einhalten, Delegiertes kontrollieren, Fachkompetenz, Detailorientierung.

fachliches Ergebnis erarbeiten

geeignetes Vorgehen wählen und umsetzen

Beschlüsse herbeiführen

Teamarbeit gestalten und Team führen

# Lösung

| | |
|---|---|
| fachliches Ergebnis erarbeiten | Fachkompetenz, Ziele setzen, delegieren, Kundenorientierung |
| geeignetes Vorgehen wählen und umsetzen | Pläne erstellen, Termine setzen und einhalten, Methoden einhalten, konsequent vorgehen, Flexibilität, Detailorientierung, guter Blick fürs Ganze, Entscheidungen treffen |
| Beschlüsse herbeiführen | Überzeugen, präsentieren, Menschen einschätzen |
| Teamarbeit gestalten und Team führen | Delegieren, Delegiertes kontrollieren, überzeugen, sich durchsetzen, Konflikte schlichten, Entscheidungen treffen, Kontakte herstellen, Menschen einschätzen. |

## Praxistipps

Die Aufgaben eines Projektleiters sind nun schon etwas klarer, oder? Natürlich gibt es noch viel mehr Überschneidungen: Ein Projektleiter ist eben ein „Manager" - er sollte seine Management- und Führungskompetenzen flexibel und situationsbezogen bei jeder seiner Aufgaben anwenden können.

## Das Projekt erfolgreich leiten

**Übung 5**
**7 min**

Aus den vorangegangenen Übungen kennen Sie nun bereits Einiges, worauf es bei der Projektleitung ankommt. Im Folgenden listen wir Ihnen die wichtigsten Wünsche eines Projektleiters auf. Was könnten Sie tun, um diese Wunschziele zu erreichen? Notieren Sie einfach Methoden oder Vorgehensweisen, die Sie kennen.

| Ziele | Was tun Sie? |
|---|---|
| Ich möchte, dass mein Projekt erfolgreich ist. | |
| Ich möchte, dass mein Projekt koordiniert abläuft. | |
| Mein Projekt soll vom Know-how vieler Spezialisten profitieren. | |
| Ich möchte mein Projekt innerhalb des festgelegten Zeitrahmens realisieren. | |
| Ich halte das Budget ein. | |
| Mir liegt daran, dass das Team und ich sowie die Teammitglieder untereinander konstruktiv zusammenarbeiten. | |

## Lösung

| Ziele | Was tun Sie? |
|---|---|
| Ich möchte, dass mein Projekt erfolgreich ist. | Ich setze Ziele, die ich mit dem Auftraggeber kläre und mit dem Team definiere (Übungen 14-16). |
| Ich möchte, dass mein Projekt koordiniert abläuft. | Ich erstelle Pläne. Ich wende Projektmanagementmethoden an (alle Übungen!). |
| Mein Projekt soll vom Know-how vieler Spezialisten profitieren. | Ich delegiere und verteile die Aufgaben an die richtigen Teammitglieder (Übungen 8, 19, 31). |
| Ich möchte mein Projekt innerhalb des festgelegten Zeitrahmens realisieren. | Ich erstelle einen Terminplan und überwache ihn. Ich setze Meilensteine und kontrolliere ihre Erreichung (Übung 30). |
| Ich möchte das Budget einhalten. | Ich plane die Finanzierung und überwache die Kosten über die gesamte Dauer des Projekts hinweg (Übung 32-33, 36-37). |
| Mir liegt daran, dass das Team konstruktiv zusammenarbeitet. | Ich führe kooperativ und ich motiviere meine Teammitglieder.<br>Ich beobachte aufmerksam die Zusammenarbeit und löse Konflikte, wenn ich sie bemerke (Übung 17-20, 42, 44). |

## Den Projektablauf kennen

**Übung 6**
**10 min**

Haben Sie auch das Gefühl, dass Sie nun unser Messe-Projekt übernehmen könnten? Stellen Sie sich Folgendes vor: Sie arbeiten in der mittleren Führungsebene in der Marketing-Abteilung eines jungen, mittelständischen Software-Unternehmens. In einer Sitzung sagt Ihre Chefin: „Ich denke, wir sollten nächstes Jahr an der Computermesse CeBIT teilnehmen. Ich habe da schon eine Menge Ideen - und vor allem: Ich möchte, dass Sie das Projekt leiten!" Da es Ihr erstes Projekt solcher Art ist, sollten Sie sich zunächst einmal einen groben Überblick über den Ablauf verschaffen. Die meisten Projekte haben vier Phasen: Anstoßphase, Definitionsphase, Planungsphase und Umsetzungsphase. Welche Aufgaben fallen Ihnen für jede dieser Phase ein?

### Lösungstipps

- Denken Sie an die vorangegangenen Übungen und deren Ergebnisse. Ordnen Sie einfach die Aufgaben, die Sie schon kennen, den Phasen zu, z. B. Ziele definieren, Terminpläne erstellen usw. Notieren Sie einfach alles, was Ihnen einfällt und ordnen Sie die Punkte hinterher.
- Stellen Sie sich dann vor, in welcher Reihenfolge Sie was tun müssen, weil der eine Schritt die Grundlage für den nächsten darstellt, z. B. das Messe-Team bilden, bevor Sie Aufgaben verteilen, oder die Dauer der Aufgaben schätzen, bevor Sie den Terminplan erstellen

## Lösung

- Anstoßphase: Auftrag klären (Übung 7), Team bilden
- Definitionsphase: Startworkshop mit dem Team veranstalten, Aufgaben beschreiben und verteilen, Ziele definieren, Situation analysieren, Abteilungen und Mitarbeiter identifizieren, die vom Messeprojekt betroffen sind, groben Überblick über den zeitlichen Ablauf bis zum Messetermin verschaffen, interne Werbung für das Messeprojekt machen (Übungen 8-22).
- Planungsphase: Konzept des Messeauftritts erstellen, Teilaufgaben und Ablauf planen, Dauer und Kosten schätzen, Risiken analysieren und Gegenmaßnahmen überlegen, Terminplan erstellen (Übungen 23-35)
- Umsetzungsphase: Projekt steuern, Qualität, Kosten und Termine kontrollieren, Berichte schreiben/einfordern, Projektdaten dokumentieren, Messe durchführen, Abschlussanalyse: Haben wir das Messeziel erreicht? Wie schätzen die Teammitglieder das Projekt ein (Übung 36-44)?

Abbildung des Ablaufs siehe Seite 148.

### Praxistipps

- Diese Lösung ist ein Modell und ein Leitfaden. Sie können die Abbildung auf der übernächsten Seite als Orientierungshilfe für Ihr Training benutzen. In der Praxis dienen Ihnen Phasenmodelle als Grundlage für die Projektstrukturierung und Ablaufplanung (Übung 23-27), d. h. für die nächsten Projektschritte. Überspringen können Sie keine dieser Phasen, auch wenn eine davon einmal etwas kürzer und dann wieder etwas länger ausfällt.

- Viele Unternehmen haben allerdings eigene Phasenmodelle für ihre Projekte entwickelt. Die drei - nach DIN 69901 definierten - Arten von Projekten unterscheiden sich in ihrer Zielsetzung und Durchführung und damit auch in ihrem Ablauf:
  - Organisationsprojekte haben die Planung und Umsetzung organisatorischer Prozesse zum Schwerpunkt, z. B. Messeauftritt oder Einführung einer neuen Software.
  - Forschungs- und Entwicklungsprojekte sind am Anfang oft sehr unkonkret, so dass sie oft mehrere Planungsphasen aufweisen, z. B. Entwicklung eines neuen Haushaltsgerätes, eines Arzneimittels oder einer Software.
  - Investitionsprojekte haben die Realisierung „technischer Produkte" zum Ziel und dadurch auch einen ihrer Schwerpunkte in der Planung, z. B. Bau eines Gebäudes oder eines Staudamms.

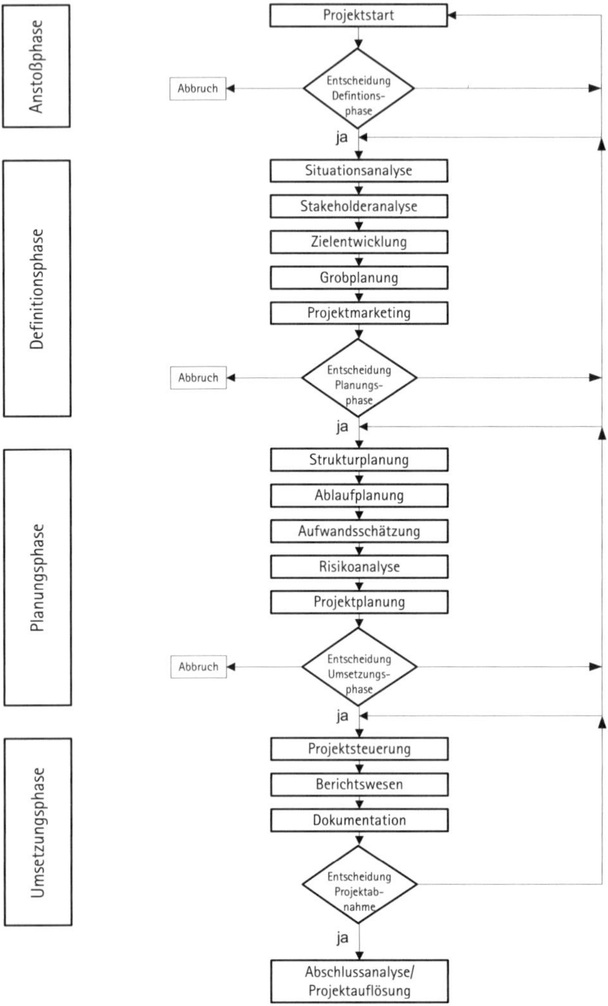
Anstoßphase
Definitionsphase
Planungsphase
Umsetzungsphase
Projektstart
Entscheidung Defintions-phase
Abbruch
ja
Situationsanalyse
Stakeholderanalyse
Zielentwicklung
Grobplanung
Projektmarketing
Entscheidung Planungs-phase
Abbruch
ja
Strukturplanung
Ablaufplanung
Aufwandsschätzung
Risikoanalyse
Projektplanung
Entscheidung Umsetzungs-phase
Abbruch
ja
Projektsteuerung
Berichtswesen
Dokumentation
Entscheidung Projektab-nahme
ja
Abschlussanalyse/ Projektauflösung

# Erfolgreich starten und Ziele definieren

In diesem Kapitel lernen Sie:

- wie Sie ein Projekt professionell starten,
- die Ausgangslage analysieren,
- das Ziel präzise formulieren,
- Ihr Team führen und
- informieren und kommunizieren.

# Darum geht es in der Praxis

Eine alte Projektleiter-Weisheit lautet: So wie ein Projekt angefangen hat, hört es auch auf. Halten Sie es nicht für überflüssig, Ihr Projekt erst einmal gut vorzubereiten. Es ist wie mit einem Hemd, bei dem Sie den obersten Knopf in das zweite Knopfloch stecken – weitere Fehler sind vorprogrammiert und eine Korrektur ist äußerst aufwändig.

Es gehört wohl zur Natur vieler Menschen, sich in neue Aufgaben mit Schwung „zu stürzen" - ohne vorher wichtige Fragen zu klären. Es gehört leider auch zur Natur von Projekten, dass sich diese Fragen quasi von selbst melden - aber sehr spät, meist zu spät. Mag sein, dass es dann noch eine Lösung gibt, aber sie passt nicht mehr zum eigentlichen Problem. Kurz gesagt: Projekte scheitern lange, bevor Sie es merken!

Es ist wie bei unserer ersten Telefonübung zu Beginn des Trainings: Erst nachdem sie losgelaufen sind, merken viele, dass sie das Ziel hätten klären sollen. Deshalb bereiten Sie in den folgenden Übungen einen Startworkshop vor und klären alle offenen Fragen - von der Situationsanalyse über die Zieldefinition bis zu den Teamregeln. Damit Sie in der Praxis nicht nachbessern müssen.

# Das Projekt beginnen

## Den Projektauftrag klären

**Übung 7**
**7 min**

Ihre Chefin hat Ihnen gerade erklärt, dass Sie das Projekt CeBIT-Messeauftritt der Firma leiten werden. Sie fordert Sie auf: „Kommen Sie doch übermorgen um 11:00 Uhr zu mir, dann können wir über alles sprechen. Am besten bereiten Sie einen kleinen Fragenkatalog vor, den wir dann gemeinsam durchgehen. So geht es schnell und wir können die wichtigsten Dinge gleich klären."

Stellen Sie eine Liste von grundlegenden Fragen zusammen, die Sie mit Ihrer Chefin unbedingt klären sollten, bevor sie tiefer in die Arbeit einsteigen.

### Lösungstipps

- Es geht hier zunächst um einen groben Überblick, Details werden später geklärt. Erfragen Sie also die Eckpunkte des Projektes: Zielvorstellung, Zeit, Personal, Aufgabenverteilung usw.
- Erinnern Sie sich an die Telefonübung? Jetzt haben Sie die Chance, die richtigen Fragen zu stellen.
- Denken Sie an Ihr zukünftiges Projektteam: Mit welchen Fragen werden Sie die Teammitglieder vermutlich „löchern"? Was könnte für sie relevant sein?

## Lösung

Sie sollten Ihrer Chefin folgende Fragen stellen:

- Warum gehen wir zur CeBIT? Was ist der Zweck, der Beitrag zur Strategie des Unternehmens?
- Welches Ergebnis wird erwartet?
- Wer ist Auftraggeber?
- Wer ist im Projektteam?
- Wie oft stehen die Teammitglieder wie lange zur Verfügung?
- Wie viel Vorlauf haben wir vor dem Messetermin? Also wann beginnt das Projekt und wann endet es?
- Gibt es wichtige Meilensteine?
- Welches Budget steht zur Verfügung?
- Auf welches sonstige Personal, z. B. aus dem Vertrieb oder der IT-Abteilung, kann ich zurückgreifen? Kann ich externes Personal einsetzen?
- Gibt es Regeln, die eingehalten werden müssen?
- Wie soll vorgegangen werden?
- Wem soll ich was wann berichten?
- Gibt es Regeln für die Dokumentation des Projekts?

### Praxistipps

- Gerade, wenn Ihr Projekt das erste seiner Art in Ihrem Unternehmen ist, sollten Sie wirklich alle Fragen klären.
- Häufig gab es aber bereits ähnliche Projekte. Fragen Sie dann den früheren Projektleiter nach seinen Erfahrungen.

- Ans Ende eines solchen Meetings gehört immer der Vorschlag für einen weiterführenden Auftrag.
- Nehmen wir an, Sie finden mit Ihrem Auftraggeber auf alle Fragen eine Antwort. Dann kann in dieser Sitzung gleich der erste Projektauftrag für die nachfolgende Definitionsphase erstellt werden. Auf der nächsten Seite sehen Sie ein Beispiel für den Projektauftrag.
- Das Formular für den Auftrag ist im Verlauf eines Projektes immer das gleiche. Der Inhalt ändert sich: Vor jeder neuen Phase wird er detaillierter. Mit zunehmendem Kenntnisstand wird also der Auftrag genauer.
- Bei großen Projekten hängen möglicherweise eine Reihe von Anlagen am Auftrag. Immer sollten jedoch die wichtigsten Informationen zusammengefasst im Auftragsformular stehen.
- Falls der Projektleiter zu der Überzeugung kommt, dass das Projektziel mit den zur Verfügung stehenden Ressourcen in der vorgegebenen Zeit nicht realisierbar ist, dann schlägt er den Abbruch vor. Ungewöhnlich? Ja, aber professionell.

> Der Auftraggeber steuert das Projekt über den Auftrag, deswegen heißt er so. Der Projektleiter bereitet den Auftrag vor.

## Projektauftrag für Definitionsphase

| | |
|---|---|
| **Projektname:** CeBIT 2015 | **Datum:** 08.04.2014 |
| **Zweck:** | Bekanntheitsgrad erhöhen, Kontakt zu Kunden intensivieren, Produktentwicklung fördern |
| **Projektziel:** | Umsatz nach Messe: € 200.000<br>Test der Kundenresonanz auf Neuentwicklung |
| **Phasenziel:** | Ausformuliertes Projektziel mit Grobplanung |
| **Organisation:** | |
| Auftraggeber: | Geschäftsführer Marketing/Vertrieb |
| Projektleiter: | Max Mustermann, Marketing |
| Projektteam: | Wird in nächster GF-Runde festgelegt |
| **Termine:** | |
| Start Phase: | 15.04.2014 |
| Meilensteine: | 08.05.2014 Zwischenbericht |
| Ende Phase: | 03.06.2014 |
| Ende Projekt: | 24.09.2015 |
| **Ressourcen:** | |
| Budget: | € 75.000 |
| Personal: | Projektteam, Externe nur nach Genehmigung |
| **Restriktionen:** | Abstimmung mit anderen Projekten zwingend.<br>Vorgaben Corporate Design zwingend. |
| **Planung:** | Vorgehensweise gemäß Projektablaufplan |
| **Berichtswesen:** | Statusberichte vierzehntäglich vorlegen. |
| **Auftraggeber:** | **Projektleiter:** |
| Unterschrift | Unterschrift |

## Startworkshop vorbereiten

**Übung 8**

**5 min**

Nachdem der Projektauftrag erteilt wurde, zeigt sich, dass noch sehr viele Fragen zu klären sind. Sie beschließen gemeinsam mit Ihrer Chefin, mit dem Projektteam einen Startworkshop zu veranstalten, um eine erste Übersicht über das Projekt zu erarbeiten. Diese Arbeitsphase soll in die Formulierung des Projektziels münden.

Ihre Chefin erteilt Ihnen folgenden Auftrag: „Legen Sie mir bitte bis Ende der Woche einen Entwurf für die Agenda des Startworkshops vor. Ich werde dann die Teilnehmer einladen."

Welche Punkte muss die Agenda enthalten?

### Lösungstipps

- Denken Sie daran: Der Startworkshop ist gleichsam ein Schnelldurchlauf durch das ganze Projekt.
- Berücksichtigen Sie, dass das Team zum ersten Mal zusammentritt. Sie legen also hier die Grundlagen für das Gelingen der weiteren Zusammenarbeit (Übung 17: Das Team entwickeln).
- Investieren Sie viel Zeit in die Vorbereitung. Sie haben keine zweite Chance für einen guten ersten Eindruck als Projektleiter.

## Lösung

- Begrüßung, Vorstellung, Erwartungen des Teams
- Programm, Organisatorisches, vorläufige Regeln
- Vorstellung des Projektes – aktueller Stand
- Vorläufige Projektorganisation
- Vorgehensweise klären und abstimmen
- Situation analysieren: Ist-Situation beschreiben, Chancen des Messegangs, Rahmenbedingungen, Schnittstellen zu anderen Projekten, Risiken, Erfolgsfaktoren
- Zweck- und Zielsetzung präzisieren
- Grobe Aufgabenstruktur erarbeiten, ggf. Teilprojekte
- Grobplanung – Meilensteine festlegen
- Berichtswesen und Dokumentation regeln
- Erste Ideen Projektmarketing
- Präsentation der Ergebnisse vor der Auftraggeberin
- Weiteres Vorgehen – Arbeitsaufträge und Termine
- Feedback und Workshopende

### Praxistipps

Projektablaufschema, Projektauftrag und diese Agenda weisen die gleiche Grundstruktur auf. Prägen Sie sich diese ein, sie dient Ihnen als roter Faden durch das Projekt. Vergessen Sie nicht, den Workshop zu protokollieren! Dieses Protokoll ist nach dem Projektauftrag das zweite wichtige Projektdokument. Im weiteren Projektverlauf können Sie darauf zurückgreifen und sie weiter präzisieren.

# Die Situation analysieren

## Chancen des Projekts herausfinden

**Übung 9**
**5 min**

Der Startworkshop läuft gut. Sie sind bei Punkt 6, der Situationsanalyse, angekommen. Sie haben sich notiert, dass Sie mit dem Team folgende Punkte klären wollen: Ist-Situation, Chancen des Messegangs, Rahmenbedingungen, Schnittstellen zu anderen Projekten, Risiken, Erfolgsfaktoren. Bei der Frage nach den Chancen herrscht zunächst einmal Schweigen. Es sieht so aus, als ob keiner der Teammitglieder von dem Messeprojekt begeistert ist.

Wie können Sie die Teammitglieder dazu bewegen, die Chancen einzuschätzen, die sie im Messeauftritt sehen? Welche Fragen stellen Sie Ihrem Team, um brauchbare Beiträge zum Thema zu erhalten?

### Lösungstipps

- Bedenken Sie, dass manche Teammitglieder dem Projekt anfangs noch skeptisch gegenüber stehen. Mit welchen Fragen können Sie sie aus der Reserve locken?
- Versuchen Sie, in Ihre Fragen möglichst alle Beteiligten und möglichen Auswirkungen einzubeziehen.
- Vermeiden Sie die schulmeisterliche „Abfrage" von Punkten, die Sie bereits im Kopf haben. Formulieren Sie offene Fragen, zu denen jedem Teammitglied etwas einfällt.

## Lösung

- Was ist das Beste, was wir erreichen könnten?
- Welche wirtschaftlichen Vorteile hat das Projekt für unser Unternehmen?
- Welche Vorteile ergeben sich gegenüber Wettbewerbern?
- Gibt es kurz- und langfristige Erfolge?
- Welche Personen und Gruppen werden unser Unternehmen nach dem Projekt positiver sehen?
- Welche Folgen hat das Projekt für unsere Außenwirkung?
- Welche Folgen hat das Projekt für uns selbst?
- Welche Bedenken haben Sie? Wo sehen Sie Hindernisse oder Erschwernisse?

### Praxistipps

- Sammeln Sie auf Pinnwand-Karten stichwortartig alle Chancen, die das Team mit dem Projekt verbindet. Nutzen Sie diese später für die Zielformulierung (Übungen 14-16) und das Projektmarketing (Übung 21).
- Die letzte Frage zeigt: Natürlich ist hier auch Platz für die Bedenken der Teammitglieder, und zwar dann, wenn Sie merken, dass große Widerstände vorhanden sind.
- Die Befragung hat den positiven Effekt, dass jeder Gelegenheit bekommt, seine persönliche Einschätzung des Projekts loszuwerden und sich stärker mit dem Projekt zu identifizieren.

## Rahmenbedingungen untersuchen

**Übung 10**
**15 min**

Jedes Projekt unterliegt kaum veränderbaren Bedingungen sowie internen und externen Einflüssen, die seine Grenzen und Chancen bestimmen. Beginnen wir zur Veranschaulichung mit Beispielen anderer Projekte. Nennen Sie Rahmenbedingungen und Einflussgrößen für folgende Projekte:

- Eine fünfköpfige Familie richtet ihr neues Haus ein - auch ein Projekt, wenn auch ein privates. Was Sie hier finden, übertragen Sie auf die anderen Projekte.
- Eine Firma führt erstmals eine Adressdatenbank ein.
- Eine Telekommunikationsfirma installiert bei einem Großkunden eine neuen Telefonanlage.
- Eine Stadt baut ein neues Museumsgebäude.
- Nennen Sie einige Einflussfaktoren auf das CeBIT-Projekt und notieren Sie auch, wie sich diese auswirken.

### Lösungstipp

Typische Rahmenbedingungen sind: Inhalts-, Termin- und Kostenvorgaben, Unternehmensrichtlinien, Betriebsvereinbarungen, Gesetze, Verordnungen, staatliche Regelungen, Verträge, technische Voraussetzungen. Typische Einflüsse sind Trends, Branchenentwicklungen, Gewohnheiten / Verhaltensweisen des Kunden. Typisch für ein Marketing- und Vertriebsprojekt wie die CeBIT sind z. B. auch der Stellenwert der Messe, die wirtschaftliche Lage, die Wettbewerber.

## Lösung

Hier einige Rahmenbedingungen:

- Einrichtung eines Hauses
  z. B. Technik: die Größe des zur Verfügung stehenden Raumes und die Aufteilung der Räume, Budget: geringes Budget; Benutzer: muss für jeden etwas bieten, muss praktisch und technisch einfach bedienbar sein.
- Einführung einer Adressdatenbank-Software
  z. B. Technik/Kosten: keine neue Hardware notwendig, kompatibel mit bereits vorhandenen Systemen und Benutzerprogrammen, Benutzer: leichte Bedienbarkeit, deckt den Bedarf der Benutzer ab, Kosten: Schulungen sollen Arbeitsausfälle minimieren.
- Installation einer neuen Telefonanlage
  z. B. Technik: kompatibel mit den vorhandenen technischen Voraussetzungen (z. B. Leitungen); Kunden: muss den Kunden-/Benutzeranforderungen gerecht werden; Benutzer/Kosten: Die Benutzung sollte möglichst leicht sein, um die Akzeptanz zu erhöhen und Kosten für Schulungen und Arbeitsausfälle gering zu halten.
- Bau eines Museumsgebäudes
  z. B. Gesetze/Verordnungen: Architektur/technische Ausstattung entspricht Vorschriften z. B. über Feuerschutz, Behindertenzugang, Ökologie usw., Ausschreibungspflicht; Trends/Wettbewerb: internationale Architekturtrends des Museumsbaus, Städte stehen im Wettbewerb um kulturinteressierte Touristen.

Einige Einflussgrößen Ihres CeBIT-Projekts:

| Einflussfaktor | Entwicklung | Auswirkungen für das Projekt |
|---|---|---|
| IT-Branche | allgemein schlechte Stimmung | Stärke und Präsenz zeigen: „Wir sind da!" |
| Wirtschaftslage | weniger Besucher; sinkende Kaufkraft | Kosten und Nutzenargumente gut abwägen |
| Globalisierung | mehr Kunden aus dem Ausland | auf ausländische Kunden vorbereiten;<br>Messe zur Gewinnung ausländischer Partner nutzen |
| Kürzere Entwicklungszeiten bei neuen Produkten | Aktualität und Innovation wird wichtiger | Kunden über künftige Entwicklungen informieren;<br>Kompetenz im Projektmanagement demonstrieren |
| Wettbewerb | mehr Preiswettbewerb | Verkauf schulen<br>Qualitätsaspekte bei der Messekonzeption in den Vordergrund stellen |

## Praxistipps

- Die wichtigsten Einflussgrößen auf das Projekt sind die Erwartungen der Personen, die von dem Projekt in irgendeiner Weise betroffen sind, die Stakeholder (Übungen 11-13).
- In der Situationsanalyse sollten Sie auch die Schnittstellen Ihres Projektes klären. Schnittstellen sind „Übergabepunkte" zwischen zwei Prozessen, zwei organisatorischen Einheiten oder zwischen Gruppen bzw. Personen. Typisch für eine Schnittstelle ist, dass sich hier Verantwortungsbereiche bzw. personelle Zuständigkeiten berühren. Die Aufgabe besteht darin, aus den Schnittstellen keine Bruchstellen werden zu lassen. Schnittstellen sollten Sie mit allen übrigen Projektleitern abstimmen. Fragen Sie:
  - Beeinflusst dieses Projekt unser Projekt? Falls ja, wie?
  - Wird es von unserem Projekt beeinflusst? Falls ja, wie?
- Ein weiterer Punkt der Situationsanalyse ist die Feststellung von Risiken. In dieser frühen Phase eines Projektes genügt eine formlose Risikobetrachtung. Fragen Sie die Teammitglieder nach ihren Bedenken und legen Sie fest, wie Sie diesen bereits im Vorfeld begegnen könnten. Später erfolgt dann die genaue Risikoanalyse (Übung 34-35).

# Erwartungen der Betroffenen analysieren

## Eine Liste der Stakeholder erstellen

**Übung 11**
**3 min**

Projekte scheitern oft am menschlichen Faktor. Ursache ist häufig, dass Interessen der Betroffenen, der Anspruchsgruppen oder Stakeholder zu wenig berücksichtigt wurden. Je besser und je früher Sie die Stakeholder Ihres Projektes kennen, umso einfacher ist es, sie ins Boot zu holen oder zumindest neutral zu stimmen.

Beginnen wir die Stakeholderanalyse der Einfachheit halber an einem besonders plakativen Beispiel: dem Bau eine Mülldeponie. Ein solches Projekt hat viele Interessengruppen - insbesondere Befürworter und Gegner. Notieren Sie, wer von diesem Projekt betroffen ist bzw. sich von ihm betroffen fühlt? Wer hat Einfluss auf das Projekt?

### Lösungstipps

- Stakeholder sind Menschen oder Institutionen, die vom Projekt in irgendeiner Weise betroffen sind und die Einfluss auf das Projekt nehmen können.
- Stakeholder findet man im Unternehmen, aber auch außerhalb. Setzen Sie Ihrer Phantasie bei der Suche nach ihnen keine Grenzen.

## Lösung

Mögliche Stakeholder für ein Deponieprojekt sind:

- Bevölkerung der Stadt
- unmittelbare Anwohner
- Grundstückseigentümer
- Baufirmen
- Oberbürgermeister
- Stadtverwaltung
- Parteien
- Betreiber der Deponie
- Mitarbeiter der Deponie
- Umweltbehörde
- Umweltgruppen
- Presse/Radio/Fernsehen
- gewerbliche Nutzer
- private Nutzer

## Praxistipps

- Versammeln Sie eine Gruppe von 5-7 fantasievollen Personen und bitten Sie sie, möglichst viele Stakeholder oder Interessengruppen zu nennen.
- Wer auch immer „im Verdacht" steht, irgendetwas mit dem Projekt zu tun haben können, sollte hier genannt werden.

## Typische Stakeholder finden

**Übung 12**
**7 min**

Es ist hilfreich, sich eine Übersicht zu typischen Interessengruppen anzulegen, die Sie bei jedem neuen Projekt „abklopfen" können. Wir nennen Ihnen einige Stakeholder von drei verschiedenen Projekten. Fassen Sie die einzelnen Personen/Gruppen zu übergeordneten Gruppen zusammen.

- Errichtung einer Mülldeponie: Bevölkerung der Stadt, Anwohner, Grundstückseigentümer, Baufirmen, Oberbürgermeister, Stadtverwaltung, Parteien, Projektteam, Betreiber und Mitarbeiter der Deponie, Umweltbehörde, Umweltgruppen, Presse/Radio/Fernsehen, Nutzer
- Messeauftritt CeBIT: Projektteam, Kunden, Geschäftsführung, Mitarbeiter in IT, Vertrieb und anderen Abteilungen, Abteilungsleiter, Betriebsrat, Personalleitung, Partnerfirmen, Messeveranstalter, Messebauer, Medien
- Installation einer Adressdatenbank: Projektteam, Mitarbeiter, Vertrieb, IT-Abteilung, Schreibkräfte, Assistenzen, Geschäftsführung, Abteilungsleiter, Kunden, Geschäftspartner, Softwarehersteller der Adressdatenbank

## Lösung

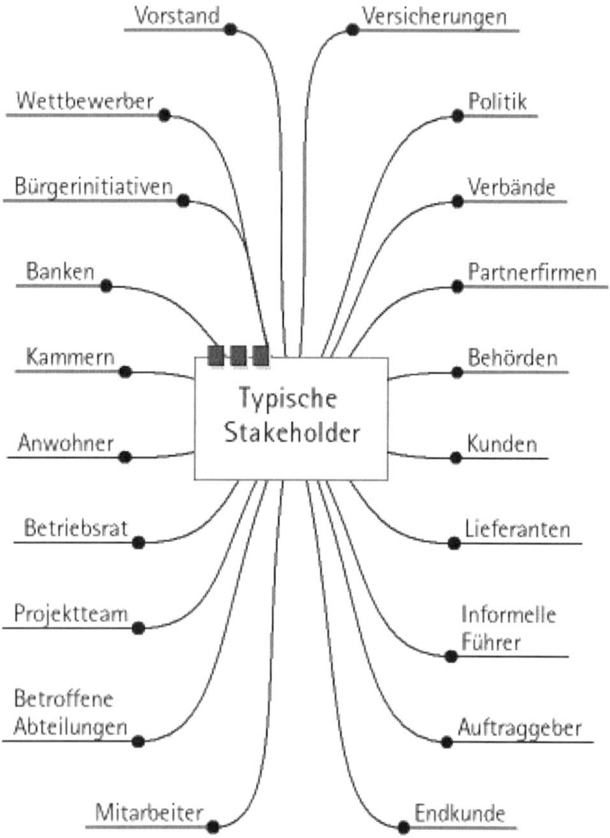
Typische Stakeholder
Vorstand
Wettbewerber
Bürgerinitiativen
Banken
Kammern
Anwohner
Betriebsrat
Projektteam
Betroffene Abteilungen
Mitarbeiter
Versicherungen
Politik
Verbände
Partnerfirmen
Behörden
Kunden
Lieferanten
Informelle Führer
Auftraggeber
Endkunde

## Erwartungen und Einfluss der Stakeholder analysieren

**Übung 13**
**15 min**

Sie haben den Projektauftrag für die Teilnahme an der CeBIT in der Führungskräfterunde Ihres Unternehmens präsentiert und bitten um Kommentare:

*Geschäftsführung*: „Natürlich müssen die Kunden zufrieden sein, aber achten Sie auf die Kosten. Und ich darf diesmal um ein sauberes Projektmanagement bitten. Wir wollen doch gut aussehen auf der Messe!"

*Leiter IT:* „Also, wenn es sein muss, dann gehen wir auch noch zu dieser Messe. Aber eins ist klar, neue Anwendungen gehen bis zur Messe nicht mehr. Für alles andere erinnere ich daran, dass wir eine klaren Bedarfsanmeldung brauchen, und zwar bald."

*Leiter Vertrieb*: „Groß ist die Begeisterung im Vertrieb nicht. Man sieht dort vor allem die zusätzliche Belastung, auch das Thema Zeitausgleich wird schon heftig diskutiert. Wir müssen den Außendienst frühzeitig ins Boot holen und auch dafür sorgen, dass er bei der Nachbereitung unterstützt wird."

*Personalleiter*: „Ich höre aus dem Hause, dass in den anderen Bereichen wenig Neigung besteht, wegen der Messe zusätzliche Aufgaben zu übernehmen. Und wenn ja, dann nur bei finanziellem Ausgleich."

*Leiter Vertrieb*: „Denken Sie daran, der Messeveranstalter ist pingelig, stellen Sie die erforderlichen Anträge schnell und sehr korrekt."

*Geschäftsführung*: „Ich will das unterstreichen. Halten Sie sich an die Regeln und sorgen Sie für gute Zusammenarbeit. Wir haben einen Ruf zu verlieren, nicht wahr?

*Controller:* „Ich kenne in meinem Bekanntenkreis einen Standbauer. Der jammert über unklare Erwartungen, unklare Konzepte, verspätete Aufträge und dauernde Änderungen."

*Geschäftsführung*: „Genau, das kommt bei uns nicht vor, oder? Dass mir das professionell abgewickelt wird! Und denken Sie daran: Unsere Kunden erwarten eine gute Betreuung und schnelle Informationen. Außerdem: Bei mir hat der Vertrieb gejammert, wie schlecht bei anderen Messen die Unterkünfte waren."

- Erarbeiten Sie auf Basis dieses Meetings und mit Hilfe der folgenden Tabelle, welche Erwartungen und Einstellungen (positiv +, neutral ≈, negativ -) dies sind. Schätzen Sie, wie hoch der Einfluss ist, den diese Personen oder die Gruppen, die sie vertreten, auf das Projekt ausüben können (niedrig, mittel, hoch).
- Welche grundsätzlichen Maßnahmen kennen Sie, um diesen Erwartungen gerecht zu werden oder die Personen für das Projekt zu gewinnen?

## Lösungstipp

Jeder, der vom Projekt betroffen ist, ist ein wichtiger „Kunde" des Projektteams. Versuchen Sie, Gegner zu Partnern zu machen oder diese zumindest zu einer neutralen Haltung zu bewegen, z. B. durch rechtzeitige und ausführliche Information oder durch realistische Planung.

| Gruppe | Erwartungen | Einstellung<br>+ ≈ − | Einfluss<br>n m h |
|---|---|---|---|
| Kunden | | | |
| GF | | | |
| IT | | | |
| Vertrieb | | | |
| Mitarbeiter anderer Bereiche | | | |
| Messeveranstalter | | | |
| Standbauer | | | |

## Lösung

| Gruppe | Erwartungen | Einstellung + ≈ - | Einfluss n m h |
|---|---|---|---|
| Kunden | schnelle Information; gute Betreuung | + | hoch |
| GF | Umsatzsteigerung; kostengünstige Umsetzung; gutes Projektmanagement | + bis - | hoch |
| IT | keine neuen Verfahren; klare Bedarfsmeldung; schnelle Information | ≈ bis - | mittel |
| Vertrieb | gute Unterkünfte; fairer Zeitausgleich; frühzeitige Einbindung; Hilfe bei Nacharbeit | ≈ | hoch |
| Mitarbeiter anderer Bereiche | keine Mehrbelastung; finanzieller Ausgleich | - | hoch |
| Messeveranstalter | Frühzeitige Information; frühzeitiger Antrag; Einhalten der Regeln | + | niedrig |
| Standbauer | klarer Auftrag; wenig Änderungen | + | mittel |

Methoden zur Stakeholderpflege sind: informieren (am besten rechtzeitig, zielgruppenspezifisch und glaubwürdig) und ins Projekt einbinden, Berichtswesen pflegen, frühzeitige Auftragserteilung durch gute Planung und Delegation - und natürlich, vor allem bei den Kunden, Werbe- und Marketingmaßnahmen.

### Praxistipps

Es reicht nicht, sich nur zu Beginn mit diesen Gruppen zu beschäftigen, denn Erwartungen und Einstellungen ändern sich. Aktualisieren Sie die Stakeholderanalyse regelmäßig.

> Die Ergebnisse dieser Liste fließen in die Zielformulierung und in die Projektkommunikation ein. Sehr wichtig: Überprüfen Sie auch den späteren Projektplan, ob er diese Erwartungen berücksichtigt.

# Das Ziel formulieren

## Das Ziel beschreiben

**Übung 14**

**5 min**

Die Erwartungen der Geschäftsleitung sind Ihnen aus dem Projektauftrag und der Führungskräfterunde klar. Die Situations- und die Stakeholderanalyse haben Ihnen, wichtige Informationen für die Zielformulierung geliefert. Nun diskutieren Sie mit Ihrem Team, wie Sie das Ziel des CeBIT-Projekts am besten beschreiben: „Wir müssen Messeaufträge generieren." - „Die Geschäftsleitung erwartet, dass der Umsatz beim Produkt EXIS 6.0 gesteigert wird." - „Wir müssen die Messe nutzen, um neue Kunden zu akquirieren." - „Wir können die Kunden auch nach ihrer Meinung zu unserem neuen Produkt fragen." Versuchen Sie, das Ziel in 1 bis 2 Sätzen zusammenzufassen. Sagen Sie, welche Personen was tun sollen - formulieren Sie einfach, aktiv und in der Gegenwartsform.

# Lösung

Das Messeteam CeBIT 2015generiert Messeaufträge für das neue Produkt EXIS 6.0. Es stellt neue Kundenkontakte her und führt eine Kundenbefragung zur Akzeptanz des neuen Produkts per Fragebogen durch.

## Praxistipps

- Fragen Sie: Was genau muss eintreten, damit wir von einem Erfolg sprechen können? Was ist in der Projektzeit nicht erreichbar?
- Nennen Sie immer die Personen, die etwas tun, also vor allem Kunden und Mitarbeiter.
- Beschreiben Sie konkret, was diese tun - keine Zustände, sondern Aktionen.
- Nennen Sie möglichst keine Lösungswege in Zielformulierungen, sondern Ergebnisse. Die Frage lautet: Wohin wollen wir? Nicht: Wie kommen wir dahin?
- Unterscheiden Sie zwischen Projektergebnis (Ziel) und daraus resultierenden Wirkungen (Zweck).

Bitten Sie den Auftraggeber einmal, sich an den Zeitpunkt des Projektendes zu versetzen und sich dann möglichst konkret vorzustellen, was er bekommt oder wer was tut. Diese Information können Sie dann präzisieren und realisierbar gestalten.

## Ziele messbar machen

**Übung 15**
**5 min**

Das Ziel für den Messeauftritt ist zunächst beschrieben. Wie wollen Sie aber später messen, wie erfolgreich das Projekt für das Unternehmen war? Es fehlt also noch an den richtigen Messgrößen. Folglich müssen Sie und die Geschäftsleitung die Kriterien dafür definieren. Sie nehmen sich noch einmal die Zielbeschreibung vor und legen genau fest, was in welchem Umfang zu erreichen ist.

Gehen Sie die Beschreibung Schritt für Schritt durch und überlegen Sie, welche Messkriterien angelegt werden können.

| Aussage | Woran soll der Erfolg gemessen werden? |
| --- | --- |
| Das Messeteam CeBIT generiert Messeaufträge für das neue Produkt EXIS 6.0. | |
| Es stellt neue Kundenkontakte her ... | |
| ... und führt eine Kundenbefragung zur Akzeptanz des neuen Produkts per Fragebogen durch. | |

## Lösung

| Aussage | Erfolgsmessung |
|---|---|
| Das Messeteam CeBIT generiert Messeaufträge für das neue Produkt EXIS 6.0. | Umsatz aus Messeaufträgen festlegen |
| Es stellt neue Kundenkontakte her ... | Anzahl der zu erzielenden Kundenkontakte bestimmen |
| ... und führt eine Kundenbefragung zur Akzeptanz des neuen Produkts per Fragebogen durch. | Anzahl der ausgefüllten Fragebögen festlegen |

Das messbare Ziel des Messegangs könnte also lauten:
Das Team CeBIT generiert Messeaufträge für das neue Produkt EXIS 6.0 in einer Umsatzhöhe von 200.000 bis 24.09. Es stellt mindestens 30 neue Kundenkontakte her und führt eine Kundenbefragung zur Akzeptanz des neuen Produkts durch, wobei die Kunden mindestens 50 Fragebögen ausfüllen.

### Praxistipps

Beteiligen Sie an dieser Stelle unbedingt den Auftraggeber. Hier wird festgelegt, was er bekommen wird. Und vor allem, was er nicht bekommen wird. Fordern Sie auch Ihr Team, bis eine wirklich genaue Vorstellung der Messgrößen entwickelt wurde. Sie ersparen sich im weiteren Projektverlauf viele Diskussionen („Aber wir wussten gar nicht, dass ...“).

## Ziele präzisieren

**Übung 16**
**10 min**

Hier eine Reihe von Zielen aus anderen Projekten. Fragen Sie danach, was bei der Formulierung fehlt bzw. präziser sein könnte. In Klammern sehen Sie jeweils das Projekt.

- Die meisten unserer Kunden nutzen unser Internetangebot, um jederzeit sicheren Zugang zu ihren Vertragsdaten zu haben und sie ändern zu können. (Internetstart eines Energielieferanten).
- Der Kunde verfügt vor Ort über ausreichende Informationen, um Probleme selbst lösen zu können. (Kundenhandbuch für elektronische Prüfgeräte)
- Bis zum 31.10. müssen 150 Anwender die Schulung durchlaufen haben. (Softwareschulung)
- Erhöhung der Anzahl der Verbesserungsvorschläge auf 4 pro Mitarbeiter pro Jahr im Werk A bis zum 31.12. (Betriebliches Vorschlagwesen)
- Und nun noch ein Beispiel für eine Zielformulierung, die sicherlich viele von Ihnen kennen:
  Ich kümmere mich mehr um meine Familie. (Privatleben aktivieren)

# Lösung

Es fehlen:

- Messbarkeit: Wie viele Kunden?
- Messbarkeit: Was ist „vor Ort"? Was sind „ausreichende Informationen"? Kann er *alle* Probleme alleine lösen?
- Messbarkeit: Welche Funktionen soll der Anwender in welcher Qualität beherrschen?
- Person und Aktion: Wer soll was tun?
- Messbarkeit und Aktion: Was tue ich wann?

## Praxistipps

- Wir nähern uns dem Ende der Definitionsphase. Aber es fehlt noch ein äußerst wichtiger Schritt: Sie müssen das Ziel daraufhin überprüfen, ob es realisierbar ist - d.h. es in der zur Verfügung stehenden Zeit, mit den verfügbaren Kapazitäten und im vorgegebenen Budget zu erreichen ist. Wie Sie das machen? Ohne eine erste, grobe Planung geht es nicht.
- Diese Grobplanung beinhaltet die gleichen Elemente wie die Detailplanung. Deshalb können Sie das Prinzip der Grobplanung mithilfe der Übungen zur trainieren (Übungen 23-31).
- Grobplanung ist Meilensteinplanung. Das heißt, dass Sie bereits jetzt erste, ungefähre Meilensteine setzen müssen. Auch dadurch erhalten Sie Aufschluss darüber, ob das Projekt realisierbar ist (siehe Übung 30: Meilensteine setzen).

# Das Team führen

## Das Team entwickeln

**Übung 17**
**15 min**

Ein Team durchläuft in einem Projekt vier Entwicklungsphasen. Wir beschreiben Ihnen die Verhaltensweisen der Teammitglieder in Ihrem fiktiven Startworkshop. Ihre Aufgabe ist es, das Team so zu unterstützen, damit es sich rasch bis zur Leistungsphase, weiter entwickelt - zum einen, indem Sie Ziele klären und Aufgaben verteilen. Zum anderen, indem Sie unausgesprochene Fragen, Unsicherheiten oder Konfliktpotenzial erkennen, ansprechen bzw. klärend eingreifen.

**Orientierungsphase**: Kurz vor Beginn des Workshops. Die meisten Teammitglieder sind schon da. Einige sind höflich, aber distanziert, sie vermitteln eine eher abwartende Haltung. Manche versuchen, sich in den Mittelpunkt zu spielen und deuten bereits an, wie sie sich die Projektarbeit vorstellen. Viele kommen über Small Talk nicht hinaus. Einige wirken, als ob sie am liebsten wieder gehen wollten. Eines aber wollen alle wissen: Worum geht es? Wer sind die anderen? Was können sie? Was bringt mir das?

- Was können Sie tun, damit sich die Teammitglieder näherkommen und auf einen gemeinsamen Kurs begeben?
- An welchen Informationen sind die Teammitglieder in dieser Phase besonders interessiert bzw. welche Informationen beantworten ihre drängendsten Fragen.

**Konfliktphase**: Das Klima in der Gruppe ändert sich. Es kommen erste Grundsatzdiskussionen auf, einige verteidigen schon heftig ihre Standpunkte. Es sieht nach erster Cliquenbildung aus, andere scheinen sich zurückzuziehen, wieder andere wirken sehr angespannt. Kaum jemand spricht es aus, aber Sie spüren, dass sich alles um die folgenden Fragen dreht: Wer hat hier was zu sagen? Was ist meine Position? Wieso der und nicht ich?

- Wie greifen Sie die klärend in die „Positionskämpfe" ein?
- Welche Informationen sind in dieser Phase besonders wichtig?

**Organisationsphase**: Das Team macht Fortschritte. Es gibt erste Anzeichen von Wir-Gefühl, einige machen Vorschläge, Umgangsformen zu vereinbaren, wieder andere schlagen feste Regeln vor, es zeichnen sich die Zuordnung von Aufgaben und die Rollenverteilung ab. Auch Angebote für Zieldefinitionen werden gemacht.

- Mit welchen Vorschlägen können Sie diese Entwicklung unterstützen?
- Was sollten Sie in Bezug auf Ihre eigene Rolle klären?

**Leistungsphase**: Inzwischen macht es Ihnen Spaß, mit den Teammitgliedern zu arbeiten. Sie kooperieren, jeder übernimmt Verantwortung, es herrscht allgemeine Zufriedenheit.

- Wie halten Sie das Team auf diesem Leistungsniveau?

## Lösung

**Orientierungsphase**: Sie

- stellen die Agenda des Workshops vor.
- machen eine Vorstellungsrunde.
- fragen nach Erwartungen und klären diese.
- bitten das Team, gemeinsam vorläufige Teamregeln aufzustellen.
- betonen nach unterschiedlichen Gesprächsbeiträgen die Gemeinsamkeiten.
- lassen stets ausreichend Zeit für Fragen und
- stellen insbesondere den ruhigeren Teammitgliedern selbst Fragen.

**Konfliktphase**: Sie

- sprechen Konflikte oder Konfliktpotenzial an, wo Sie welche/s sehen.
- sprechen Sie dies an, bleiben aber neutral und räumen Zeit für die Klärung ein.
- bieten Ihre Hilfe an oder ziehen einen externen Moderator hinzu.
- stellen Transparenz her, indem Sie klar über Ziele, Termine und Kosten informieren und - wenn zum Verständnis nötig - Hintergründe erklären.

**Organisationsphase**: Sie

- klären Aufgaben, Kompetenzen und Verantwortung.
- entwickeln gemeinsam Verhaltensregeln oder bieten Strukturen und Regeln an.
- unterstützen die stillen Teammitglieder.
- verdeutlichen, was Ihre Führungsrolle als Projektleiter für die Zusammenarbeit bedeutet und welche Auswirkungen dies hat.

**Leistungsphase**: Sie

- kontrollieren konsequent die Arbeitsergebnisse und -fortschritte.
- sorgen für regelmäßige Standortbestimmung und Feedback durch Meetings und Statusberichte.
- entwickeln gemeinsam Maßnahmen zur Behebung von Planabweichungen.

In Phase 2 bis 4 achten Sie darauf, dass die Ergebnisse dokumentiert werden, z. B. durch ein detailliertes Protokoll.

## Besprechungen leiten

**Übung 18**
**10 min**

Sie sind mitten in der Diskussion. Auch hier verhalten sich die Teammitglieder völlig unterschiedlich. Wie gehen Sie mit den folgenden Verhaltensweisen um?

| Wie verhalten Sie sich, wenn jemand | Meine Reaktion |
|---|---|
| alles ausdiskutieren will und nichts unwidersprochen hinnimmt | |
| nie das Wort ergreift und alles hinnimmt | |
| glaubt, alles zu wissen, und zu allem etwas sagt, auch wenn es nicht sein Fachgebiet betrifft | |
| sich nicht interessiert und den Eindruck erweckt, als würde ihn das alles nichts angehen | |
| alles negativ sieht und mit der grundsätzlichen Richtung unzufrieden ist | |
| sich selbst inszeniert und die Aufmerksamkeit aller braucht | |
| harmoniesüchtig ist und immer einen Kompromiss will | |
| alles positiv findet und Sie immer unterstützt | |

# Lösung

| Wie verhalten Sie sich, wenn jemand: | Meine Reaktion |
|---|---|
| alles ausdiskutieren will | Ruhig bleiben; sachlich reagieren („interessant"); andere Meinung einholen, auch einmal abkürzen. |
| immerzu schweigt | Auf nonverbale Reaktionen achten; häufig und präzise fragen; Zeit für Antwort lassen. |
| glaubt, alles zu wissen | Hinweis geben, dass andere auch zu Wort kommen sollen; zusammenfassen lassen. |
| sich nicht interessiert | Nach Erfahrungen fragen; mit Visualisierung (z. B. an Flipchart) beauftragen. |
| alles negativ sieht | Positiven Teilnehmer um seine (Gegen-)Meinung bitten; ggf. unter vier Augen klären, wo das Problem liegt. |
| sich selbst inszeniert | Redezeiten einführen; andere zum Thema befragen; keine zustimmenden Reaktionen zeigen. |
| harmoniesüchtig ist | Bitten, erst alle Meinungen anzuhören; Schwächen eines Kompromisses aufzeigen. |
| alles positiv sieht | Nicht zu häufig reden lassen, da das Team ihn sonst ablehnt, zusammenfassen lassen. |

## Teammitglieder einschätzen

**Übung 19**
**5 min**

Nach dem Startworkshop kennen Sie Ihr Team nun schon ein wenig. Sie möchten die Teammitglieder im weiteren Verlauf des Projekts so schnell wie möglich näher kennen lernen, um sie besser einzuschätzen und dadurch die Zusammenarbeit zu verbessern und stärker steuern zu können.

- Auf welche Bereiche achten Sie deshalb generell bei jedem Teammitglied besonders? Wo schauen Sie hin, um z. B. etwas über die Teamfähigkeit zu erfahren oder darüber, wer eher eine aktive oder eher eine passive Rolle bevorzugt?
- Natürlich sind die Verhaltensweisen der Menschen so vielfältig wie die Menschen selbst. Vielleicht haben Sie aber schon festgestellt: Viele Menschen bevorzugen in einem Team eine der folgenden Rollen: Berater, Kreativer, Verkäufer, Umsetzer, Überwacher. An welchen Verhaltensweisen erkennen Sie, wer welche Rolle bevorzugt?

### Lösungstipps

- Denken Sie daran, dass viele Konflikte dadurch entstehen, dass Menschen auf unterschiedliche Art kommunizieren und unterschiedlich an Ihre Aufgaben herangehen.
- Überlegen Sie, welche grundsätzlichen Tätigkeiten ein Teammitglied während eines Projekts erledigt.

## Lösung

- Sie sollten besonders achten auf:
  - die Art des Umgangs mit anderen Personen
  - die Art der Informationsbeschaffung
  - die Art der Entscheidungsfindung
  - die Art der Arbeitsorganisation

- Hier einige Vorschläge, die Ihnen als Anhaltspunkt dienen können:
  - *Berater:* kenntnisreich, lässt sich nicht hetzen, identifiziert sich mit Aufgaben, versorgt das Team mit Informationen
  - *Kreativer:* erfindungsreich, zukunftsorientiert, trägt viel zur Ideenfindung und Problemlösung bei, gerade in Krisenzeiten
  - *Verkäufer:* einflussreich und offen, kennt viele Kollegen und Vorgesetzte, kann andere in Meetings leicht überzeugen
  - *Umsetzer*: praktisch und zeitbewusst, liebt Pläne, bringt Dinge ins Rollen und sorgt fürs Weiterkommen im Team
  - *Überwacher*: detailorientiert, gründlich, sorgt für die Einhaltung von Vorgaben, behält Qualität und Kosten im Auge

## Konflikte klären

**Übung 20**
**10 min**

Herr Schott arbeitet in Ihrem Team. Er ist für das Projektmarketing und die Stakeholder-Kommunikation zuständig und konzipiert die Gestaltung des Kundenauftritts. Seit Beginn des Projekts steht er unter großem Zeitdruck, auch weil er noch in andere Projekte eingebunden ist. Er wirkt angespannt, reagiert auf Fragen nach Terminen ausweichend, vernachlässigt Aufgaben und isoliert sich vom Team. Stellen Sie ihm Fragen anhand unserer Anleitungen.

Drücken Sie Ihre Wertschätzung aus und überprüfen Sie Ihre Wahrnehmung, d. h. sprechen Sie den Konflikt offen an.

Er stimmt Ihnen zu. Fragen Sie, wie er seine Situation beschreiben würde, d.h. klären Sie, was das Problem ist.

Er sagt: „Ich zerreiße mich zur Zeit einfach. Überall muss ich gleichzeitig sein. Alle wollen etwas von mir. Ich rase von einer Besprechung in die nächste. Und das Schlimmste ist: ich komme einfach nicht mehr zu meiner eigentlichen Arbeit." Stellen Sie sicher, dass Sie ihn richtig verstanden haben.

Fragen Sie Ihn nach möglichen Lösungen.

Er schlägt vor, dass er wesentlich weniger Berichte schreibt und keine Protokolle mehr verfasst. Stellen Sie wieder sicher, dass Sie ihn richtig verstanden haben.

Schlagen Sie nun eine eigene Lösung vor, z. B. die Aufteilung seiner Aufgaben in mehrere Arbeitspakete und die Übergabe von zwei Arbeitspaketen an andere Teammitglieder.

Herr Schott zögert. Deshalb bewerten Sie nun beide Lösungsvorschläge, also seinen und Ihren, indem Sie Ihren positiv bewerten und Herrn Schott die Nachteile einer mangelnden Dokumentation und Protokollierung aufzeigen. Berücksichtigen Sie dabei seine Gefühle.

Er akzeptiert Ihren Lösungsvorschlag. Beschreiben Sie Ihre Lösung ganz konkret, erstellen Sie einen Aktionsplan und bauen Sie eventuelle Ängste ab.

Schließen Sie das Gespräch, indem Sie Ihre Wertschätzung und Freude über die Lösung ausdrücken.

## Lösung

Drücken Sie Ihre Wertschätzung aus und überprüfen Sie Ihre Wahrnehmung, d. h. sprechen Sie den Konflikt offen an: „Herr Schott, ich schätze Sie als zuverlässigen und engagierten Mitarbeiter und freue mich, dass Sie im Team sind. Im Moment habe ich jedoch den Eindruck, Sie haben zu viel um die Ohren. Stimmt das?"Fragen Sie, wie er seine momentane Situation beschreiben würde, d.h. klären Sie, was das Problem ist: „Ich würde gerne besser einschätzen können, was Ihr Problem ist. Sagen Sie mir doch bitte, wie Sie Ihre Situation einschätzen. Und wie Sie sich zur Zeit fühlen."

Stellen Sie sicher, dass Sie ihn richtig verstanden haben: „Sie müssen im Moment also sehr viele Termine wahrnehmen und haben das Gefühl, dadurch Ihre eigentlichen Aufgaben zu vernachlässigen?"

Fragen Sie Ihn nach möglichen Lösungen: „Was würden Sie gerne tun, um die Situation zu ändern?"

Stellen Sie wieder sicher, dass Sie richtig verstanden haben: „Sie sehen also die Lösung Ihres Anliegens darin, dass Sie weniger Statusberichte schreiben und keine Protokolle mehr für Ihre Besprechungen mit dem Vertrieb anfertigen. Sie haben das Gefühl, dann könnten Sie sich endlich ganz Ihren eigentlichen Aufgaben widmen.

Schlagen Sie nun eine eigene Lösung vor: „Eine andere Möglichkeit wäre, Ihre Aufgaben in kleinere Arbeitspakete zu gliedern und z. B. zwei davon auf weniger ausgelastete Teammitglieder zu verteilen."

Bewerten Sie beide Lösungsvorschläge und berücksichtigen Sie dabei seine Gefühle: „Wenn wir unser Projekt nicht dokumentieren und keine Informationen zur Verfügung stellen, fehlen uns diese Daten am Ende zur Beurteilung, ob das Projekt erfolgreich war. Das würde Sie dann auch sehr viel Zeit kosten! Ich denke, am meisten Zeit können Sie einsparen, wenn wir kleinere Arbeitspakete auf Teamkollegen verteilen. Dann können Sie sich auf Ihre Hauptaufgaben konzentrieren. Damit ist uns allen geholfen, weil unser Projekt wieder stärker von Ihren Kompetenzen profitiert.

Er stimmt Ihnen zu. Beschreiben Sie Ihre Lösung konkret, erstellen Sie einen Aktionsplan und bauen Sie Ängste ab: „Ich schlage vor, das wir uns heute Nachmittag gemeinsam überlegen, welche Teilpakete in Frage kommen. So könnten wir anschließend mit Frau Schulte und Herrn Maier sprechen, ob Sie die Aufgaben übernehmen wollen. Im morgigen Meeting können wir dann dem Team mitteilen, dass Sie sich zum Nutzen des Projekts auf Ihre Kernkompetenzen konzentrieren.

Schließen Sie mit einer wertschätzenden Bemerkung ab: Ich freue mich, dass wir eine Lösung gefunden haben.

## Praxistipp

Der Gesprächsverlauf ist idealtypisch. Er verdeutlicht jedoch die kommunikativen Mittel bei der Konfliktlösung: Wertschätzung, Konflikt ansprechen, Lösungen sammeln, bewerten, Umsetzung und Aktionsplan vereinbaren, Abschluss mit wertschätzender Ich-Botschaft.

# Informieren und kommunizieren

## Für das Projekt werben

**Übung 21**
**10 min**

Kurz nachdem das Messe-Vorhaben im Unternehmen bekannt wird, beginnt bereits die Gerüchteküche zu brodeln: Wer darf mit? Wer wird den Standdienst übernehmen, wer die Experteninterviews durchführen? Das kostet doch alles viel zu viel Geld! Ihr CeBIT-Team steht deshalb vor der Aufgabe, das Projekt intern und extern bekannt zu machen und dafür zu sorgen, dass es unterstützt wird. Auf welchen Wegen kann das Team über sein Projekt informieren, für das Projekt werben und Befürchtungen abbauen?

### Lösungstipps

- Projekte sind außergewöhnliche Vorhaben, daher „stören" sie und rufen Widerstand hervor. Überzeugungsarbeit ist daher besonders wichtig. Unter dieses Projektmarketing fallen alle Aktivitäten, die Projekte in ihrem Umfeld bekannter machen und die Akzeptanz der Projektarbeit und der Projektergebnisse erhöhen.
- Über welche internen und externen Medien und Events kann man ein Projekt bekannt machen und es positiv darstellen?
- Wie gelingt es, mit Personen innerhalb und außerhalb des Unternehmens zu kommunizieren?

## Lösung

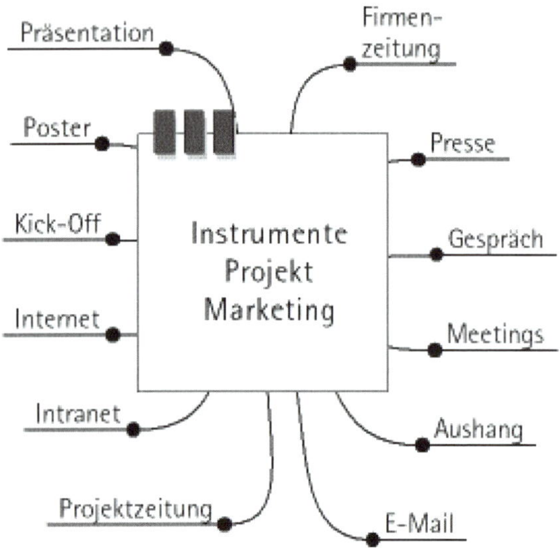


### Praxistipps

- Projektmarketing ist Aufgabe von Auftraggeber und Projektleiter. Zur Unterstützung sollten Sie ein Teammitglied mit der kontinuierlichen Betreuung beauftragen.
- Auch in Krisenzeiten ist Projektmarketing wichtig. Eine Grundregel des Krisenmanagements lautet: Wenn die Krise da ist, nicht verheimlichen, sondern aktiv und ehrlich über die Ursachen und ihre Beseitigung informieren.

## Kommunikationsplan erarbeiten

**Übung 22**
**10 min**

Die Instrumente des Projektmarketing sind natürlich zugleich die Instrumente der Projektkommunikation. Hier kommen noch die Instrumente des Berichtswesens, vor allem Statusberichte, hinzu. Die Frage lautet hier: Mit welchem Kommunikationsmittel informieren Sie welchen Stakeholder am besten über den Stand des Projekts? Dazu müssen Sie sich einen Kommunikationsplan erarbeiten.

Kreuzen Sie an: Welche Anspruchsgruppe des CeBIT-Projekts ist mit welchem Instrument am besten zu erreichen?

| Gruppe | Gespräch | Präsentation | Status-Bericht | Kick-Off | E-Mail | PR |
|---|---|---|---|---|---|---|
| Kunden | | | | | | |
| GF (Auftraggeber) | | | | | | |
| Vertrieb | | | | | | |
| IT | | | | | | |
| Betriebsrat | | | | | | |
| Mitarbeiter | | | | | | |

# Lösung

| Gruppe | Gespräch | Präsentation | Status-Bericht | Kick-Off | E-Mail | PR |
|---|---|---|---|---|---|---|
| Kunden | | | | | X | X |
| GF (Auftraggeber) | X | X | X | X | X | |
| Vertrieb | | X | X | X | X | |
| IT | | | X | X | X | |
| Betriebsrat | X | X | | | X | |
| Mitarbeiter | | | | | X | |

## Praxistipps

In der Praxis müssen Sie in diesen Plan alle Stakeholder eintragen und vor allem: zusätzliche Spalten für Häufigkeiten und Termine einfügen. Denn sonst verlieren Sie schnell den Überblick. Grundlage des Kommunikationsplans sind die Ergebnisse der Stakeholderanalyse.

> Besonders wichtig sind die Stakeholder, die großen Einfluss auf das Projekt haben (siehe Ergebnis der Stakeholderanalyse aus Übung 13). Sind Sie positiv gestimmt, nutzen Sie sie als Förderer. Sind sie negativ gestimmt, ist gute Kommunikation besonders wichtig, um sie wenigstens zu einer neutralen Haltung zu bewegen.

# Projektpläne erstellen

In diesem Kapitel lernen Sie:

- wie Sie Ihr Projekt strukturieren,
- den Ablaufplan erarbeiten,
- Aufwand und Dauer ermitteln,
- Risiken erfassen und analysieren sowie
- den Projektplan erstellen, der Sie erfolgreich zum Ziel führt.

## Darum geht es in der Praxis

Es ist das Schicksal eines Plans, das er geändert wird. Können Sie sich die Planung Ihres Projekts also sparen? Auf keinen Fall! Überlassen Sie es nicht dem Zufall, was in Ihrem Projekt läuft. Sie würden auch keine Wanderung in schwieriges Gelände ohne Karte unternehmen. Indem Sie planen, geben Sie Ihrem Projekt eine Struktur, die es erst ermöglicht, dass Sie später steuernd eingreifen können. Beispielsweise wissen Sie dann, wann der Startschuss für die Erledigung bestimmter Aufgaben fallen muss. Pläne sorgen auch dafür, dass alle Teammitglieder in Richtung Ziel marschieren - sie sind gemeinsame Arbeitsgrundlage, Orientierung und Konkretisierung der Ziele. Und so merkwürdig es klingt: Ohne Plan können Sie nicht flexibel sein. Sie würden Abweichungen nämlich gar nicht erkennen, geschweige denn angemessen darauf reagieren können. Auf folgende Fragen geben die hier vorgestellten Projektpläne Antwort:

| | |
|---|---|
| Was ist alles zu tun? | Projektstrukturplan (Übungen 23-24) |
| In welcher Reihenfolge? | Ablaufplan (Übungen 24-27) |
| Welcher personelle/materielle Aufwand ist damit verbunden? | Aufwandschätzung, Kapazitäten- und Kostenplanung (Übungen 28-29, 31-33) |
| Welche Risiken gibt es? | Risikoplanung (Übung 34-35) |
| Wer macht was wann womit? | Projektplan (Übung 30) |

# Das Projekt strukturieren

## Das Projekt in Teilaufgaben zerlegen

**Übung 23**
**10 min**

Basis aller Pläne ist eine Übersicht über die anfallenden Arbeiten: der sog. Projektstrukturplan (PSP). Dazu gliedern Sie das Projekt in Teilaufgaben. Lassen Sie uns das an zwei Projekten ausprobieren: Gliedern Sie folgende Projekte in Teilaufgaben und zerlegen Sie mindestens eine dieser Teilaufgaben noch einmal.

- Hausbau
- Ihr CeBIT-Projekt

### Lösungstipps

- Fragen Sie nicht, wer das Haus baut, wann, in welcher Reihenfolge oder wie es gebaut wird. Es geht hier nur um die Frage, welche Aufgaben anfallen.
- Bei eher technischen Objekten zerlegen Sie die Aufgabe am besten in ihre einzelnen Bestandteile (Objekte).
- Bei organisatorischen Projekten bietet es sich an, diese in die einzelnen Tätigkeiten zu zergliedern (Funktionen).
- Auf einer Ebene des PSP sollten Sie aber entweder nur nach Objekten oder nur nach Funktionen gliedern.
- Eine Teilaufgabe gibt es auf der ersten Ebene immer: das Projektmanagement. Niemals vergessen, auch dieses kostet Zeit, Budget, Ressourcen und muss geplant werden!

# Lösung

Projektstrukturplan für einen Hausbau

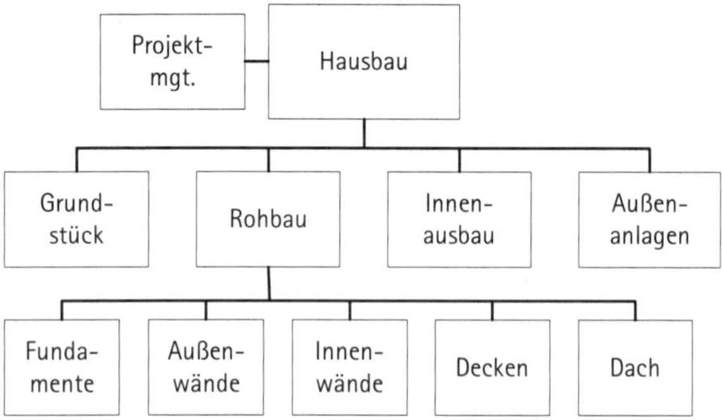


PSP CeBIT nach Tätigkeiten (Funktionen) gegliedert

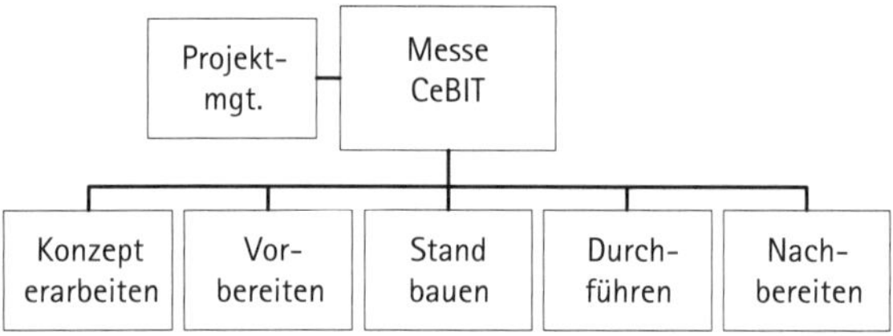

## Arbeitspakete bilden

**Übung 24**
**10 min**

Das CeBIT-Team will einen lückenlosen Projektstrukturplan erstellen. Die Herausforderung besteht darin, wirklich sämtliche Aufgaben zu finden, die beim Messe-Projekt anfallen, und diese möglichst tief zu gliedern. Am Ende stehen Aufgaben, die Sie einem Teammitglied übertragen können, sog. Arbeitspakete.

1 Welche Fragen stellen Sie Ihrem Team, damit tatsächlich alle Aufgaben genannt werden? (10 min)

2 Listen Sie die Aufgaben auf, die beim Bau eines Messestandes anfallen. Nutzen Sie dazu die Fragen aus Teil 1 der Übung.

### Lösungstipps

- Zu 1.: Halten Sie die Fragen möglichst offen, damit Sie ein breites Spektrum von Antworten erhalten. Stellen Sie wenig inhaltliche Fragen in dieser „Sammelphase".
- Zu 2.: Hier gilt „Masse geht vor Klasse". Listen Sie wirklich alles auf, was getan werden muss. Aufgaben zusammenfassen oder verändern können Sie noch später, wenn Sie diese kritisch betrachten und in den PSP einordnen.
- Prüfen Sie dann Ihr Ergebnis auf Vollständigkeit. Hierzu fragen Sie für jede Ebene: Wenn alle Aufgaben einer Ebene erfüllt sind, ist dann die Aufgabe der nächsthöheren Ebene vollständig erfüllt? Falls nicht, fehlt mindestens ein Arbeitspaket.

# Lösung

1

An welche Aufgaben denken Sie zuerst?
Was muss man noch tun?
Welche Teilschritte fallen Ihnen ein?
Kann man diese Tätigkeit noch weiter zerlegen?
Aus welchen Einzelteilen besteht das Objekt?
Was ist schon oft schief gegangen?
Welche Aufgaben machen Ihnen Sorgen?

## 2 Arbeitspakete Standbau

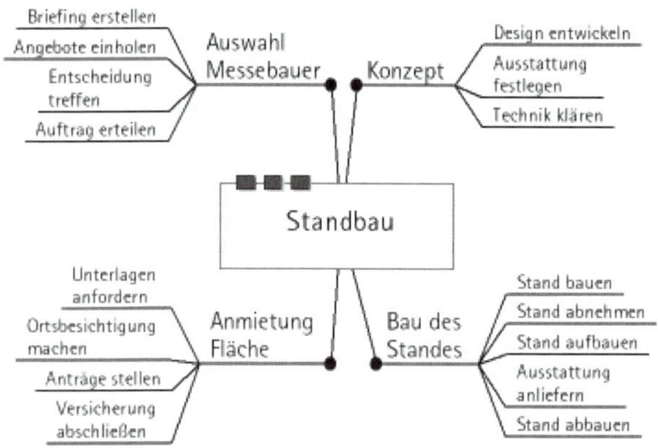

# Den Ablauf planen

## Reihenfolge festlegen

**Übung 25**
**10 min**

Was machen Sie nun mit den Arbeitspaketen? Beginnen wir zum Einstieg mit einem weniger komplexen Beispiel als Ihrem Messeprojekt:
A & B haben den Auftrag, einen Kunden mit neuen PCs auszustatten und eine Software zu installieren. Das Projekt soll mit der Überreichung des Handbuchs am Schluss der Schulung enden. A & B einigen sich auf unten stehende Arbeitspakete und Aufgabenverteilung. Tragen Sie die Reihenfolge der Aufgaben in den Plan ein.

| Nr. | Vorgang | Vorgänger | Nachfolger |
|---|---|---|---|
| 1 | Briefing | | |
| 2 | PC aussuchen | | |
| 3 | PC installieren | | |
| 4 | Software aussuchen | | |
| 5 | Software installieren | | |
| 6 | Schulung vorbereiten | | |
| 7 | Handbuch erstellen | | |
| 8 | Schulung durchführen | | |

### Lösungstipps

Welches Arbeitspaket muss fertig sein (Vorgänger), bevor ein anderes starten kann (Nachfolger)? Bedenken Sie, dass Arbeitspakete auch parallel erledigt werden können, da A und B sich die Arbeit teilen können. Welche sind dies?

## Lösung

| Nr. | Vorgang | Vor gänger | Nach folger |
|---|---|---|---|
| 1 | Briefing | - | 2, 4 |
| 2 | PC aussuchen | 1 | 3 |
| 3 | PC installieren | 2 | 5 |
| 4 | Software aussuchen | 1 | 5 |
| 5 | Software installieren | 3, 4 | 6, 7 |
| 6 | Schulung vorbereiten | 5 | 8 |
| 7 | Handbuch erstellen | 5 | 8 |
| 8 | Schulung durchführen | 6, 7 | - |

Die Arbeitspakete 2 und 4 sowie 6 und 7 können gleichzeitig ablaufen, weil sie nicht voneinander abhängig sind. Alle anderen Arbeitspakete sind voneinander zeitlich abhängig, d.h. erst muss eine Aufgabe erledigt sein, bevor die nächste beginnen kann. Die Arbeitspakete 6 und 7 müssen gleichzeitig enden, damit die Schulung beginnen kann.

## Ablauf grafisch darstellen

Übung 26
3 min

Stellen Sie das Projekt „Software installieren" aus der vorigen Übung nun grafisch dar.

Benutzen Sie eine Pinnwand und kleine Kärtchen, auf die Sie die Nummern der Arbeitspakete schreiben. Ordnen Sie die Kärtchen so an, dass es dem zeitlichen Verlauf entspricht und verbinden Sie die Kärtchen mit Pfeilen. Beachten Sie hier noch nicht die Dauer der Arbeitspakete.

### Lösungstipps

- Der Zeitstrahl verläuft horizontal (vorläufig noch ohne Termine). Ordnen Sie die Abfolge der Arbeitspakete an der Pinnwand entlang dieses Zeitstrahls an. Für die Anordnung der Kärtchen gelten folgende Regeln:
- Beginnen zwei Arbeitspakete gleichzeitig, sind die Kärtchen übereinander angeordnet, und Sie zeichnen einen Pfeil vom ersten Paket zum darunter liegenden.
- Folgt ein Arbeitspaket auf das nächste, so geht der Pfeil aus dem einen Kästchen heraus und in das daneben liegende Kästchen hinein.
- Enden zwei Arbeitspakete gleichzeitig, so werden die Pakete untereinander abgebildet und der Pfeil führt rechtsseitig von dem oberen Paket zum unteren.

# Lösung

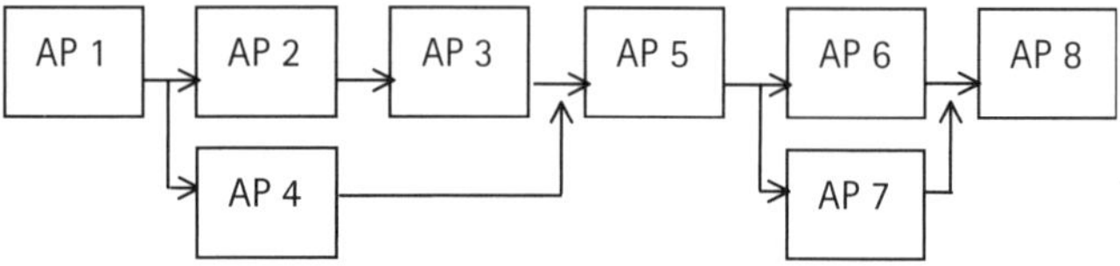


## Praxistipps

- Ein solcher Ablaufplan bietet Ihnen eine hervorragende Übersicht über die Abhängigkeiten der Arbeitspakete eines Projekts und dient Ihnen als Grundlage für alle weiteren Planungsschritte, bis hin zur Erstellung des Terminplans.
- Das Arbeiten mit Kärtchen und Pinnwand hat den Vorteil, dass Sie die Arbeitspakete so lange hin- und herschieben können, bis der Ablauf stimmt. Auf dem Papier ist dies wesentlich schwieriger!

## Den Ablaufplan für die CeBIT erstellen

**Übung 27**
**10 min**

Nun wenden Sie Ihre Kenntnisse auf Ihr CeBIT-Projekt an. Die Reihenfolge der Arbeitspakete sehen Sie in der Tabelle. Erstellen Sie hierfür einen graphischen Ablaufplan nach dem Muster von Übung 26, also am besten mit Kärtchen und Pinnwand.

| Nr. | Arbeitspaket | Vorgänger | Nachfolger |
|---|---|---|---|
| 1 | Start Projekt | -- | 2,5,6,7 |
| 2 | Konzept Messestand | 1 | 8 |
| 3 | Auswahl Standbauer | 2 | 4 |
| 4 | Bau des Standes | 3,8 | 11 |
| 5 | Konzept Kommunikation | 1 | 8 |
| 6 | Konzept Kunden | 1 | 8 |
| 7 | Konzept Personal | 1 | 8 |
| 8 | Abstimmung Konzepte | 2,5,6,7 | 4,9 |
| 9 | Vorbereitungsarbeiten | 8 | 10 |
| 10 | Überprüfung/Tests | 9 | 11 |
| 11 | Messe durchführen | 4,10 | 12,13 |
| 12 | Auswertung Messe | 11 | 14 |
| 13 | Nachbereitung Vertrieb | 11 | 14 |
| 14 | Projektende | 12,13 | -- |

# Lösung

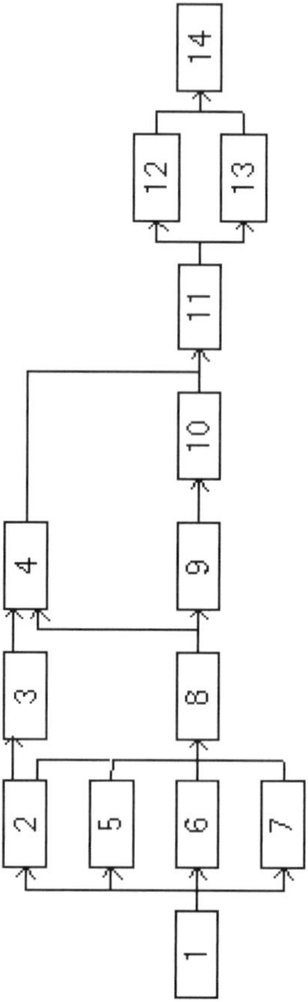


**Abbildung: Ablaufplan CeBIT**

# Aufwand für das Projekt ermitteln

## Den Aufwand der Arbeitspakete schätzen

**Übung 28**

**3 min**

Sie kennen nun die zu bearbeitenden Arbeitspakete und deren Ablauf. Bevor Sie den Terminplan erstellen können, müssen Sie die Aufwände und die Dauer der Arbeitspakete in Ihrem CeBIT-Projekt ermitteln. Also die Frage klären, welchen Aufwand Sie und Ihr Team treiben müssen, um die Arbeitspakete umzusetzen.

Welche Möglichkeiten haben Sie, den zeitlichen Aufwand möglichst realistisch zu schätzen?

### Lösungstipps

- Es geht um eine Schätzung, nicht um eine Rechenaufgabe. Fragen Sie:
- Wer kann helfen?
- Wer hat Erfahrungen?
- Wer sollte dabei sein?
- Was macht die Sache leichter?
- Wie verhindert man zu positive oder negative Schätzungen?

## Lösung

Mögliche Hilfen bei der Aufwandsschätzung sind:

- Befragung von Experten im jeweiligen Fachgebiet
- Befragung von Leitern ähnlicher Projekte
- Auswertung vergangener Projekte
- Befragung der Person, die später für das Arbeitspaket verantwortlich ist
- Zerlegen des Arbeitspaketes in Teilschritte oder detailliertere Beschreibung der Aufgabe
- Schätzung von einer Gruppe vornehmen lassen bei guter Mischung von Optimisten und Pessimisten

### Praxistipps

- Überlegen Sie auch je Arbeitspaket: Welche Qualifikation ist nötig? Müssen Spezialisten hinzugezogen werden? Sind bestimmte Hilfsmittel/Werkzeuge unverzichtbar? Müssen diese beschafft werden (Lieferzeiten)?
- Dokumentieren Sie Ihre Schätzverfahren.
- Die Dauer eines Arbeitspakets ist die Zeitspanne vom Anfangs- bis zum Abschlusstermin. Aber: Mitarbeiter stehen nur selten ihre gesamte Arbeitszeit für ein Projekt zur Verfügung und selten arbeitet nur eine Person an einem Arbeitspaket. Deshalb ist der Aufwand noch nicht die Dauer des Arbeitspakets. D.h., Sie müssen berücksichtigen, wie viele Mitarbeiter wie lange an der Erledigung eines Arbeitspaketes arbeiten können. Dann erst erhalten Sie die Dauer der Arbeitspakete (s. nächste Übung).

## Dauer ermitteln

**Übung 29**

**10 min**

Als Nächstes gilt es, die Dauer der Arbeitspakete bzw. des Projektes zu ermitteln und damit die Grundlage für die Terminplanung. Wie lange dauern folgende Arbeitspakete?

1. Für ein Routine-Arbeitspaket mit einem geschätzten Aufwand von 6 Personentagen steht/en
   a. eine Person 2 Tage pro Woche oder
   b. vier Personen jeweils 2 Tage pro Woche zur Verfügung.
2. Für ein völlig neuartiges Projekt mit einem Aufwand von 24 Personentagen steht/en
   a. 2 Personen jeweils 3 Tage pro Woche oder
   b. 3 Personen jeweils 1 Tag pro Woche zur Verfügung.

### Lösungstipp

$$\text{Dauer} = \frac{\text{Aufwand}}{\text{Einsatz}}$$

Teilen Sie die Anzahl der Tage, die ein oder mehrere Mitarbeiter zur Verfügung stehen, durch die Wochenarbeitszeit, 5 Tage, und multiplizieren Sie das Ergebnis mit der beteiligten Mitarbeiterzahl, z. B. für Frage 1 b.: Einsatz = 2 Tage : 5 Tage = 0,4 x 4 Personen = 1,6. Auch dies ist noch zu optimistisch. Es fehlen Zeiten für Vorbereitungen, Abstimmungen, Materialbeschaffung usw. Multiplizieren Sie das erste Ergebnis mit dem Faktor 1,3 (bei Routineprojekten bzw. erfahrenen Teammitgliedern) bis 1,5 (bei neuen Projekten oder unerfahrenen Teammitgliedern).

# Lösung

Dauer der Arbeitspakete in Kalendertagen:

1.a. (6 ./. 0,4) x 1,3 = 19,5

1.b. (6 ./. (0,4 x 4)) x 1,3 = 4,875

2.a. (24 ./. (0,6 x 2)) x 1,5 = 30 (6 Kalenderwochen)

2.b. (24 ./. (0,2 x 3)) x 1,5 = 60 (12 KW)

## Praxistipps

- Je mehr Personal Sie einsetzen, desto stärker verkürzen sich die Dauer eines Arbeitspaketes und damit die Dauer des Projekts. Aber die Kosten steigen!
- In der Praxis tragen Sie die Dauer in Personentagen oder Kalenderwochen in Ihre Arbeitspaketliste ein. Dies ist eine weitere Grundlage für Ihren Terminplan. Beispiel CeBIT-Projekt:

| Nr. | Arbeitspaket | Dauer |
|---|---|---|
| 1 | Start Projekt | 04.08.14 |
| 2 | Konzept Messestand | 3 KW |
| 3 | Auswahl Standbauer | 3 KW |
| 4 | Bau des Standes | 4 KW |
| 5 | Konzept Kommunikation | 8 KW |
| 6 | Konzept Kunden | 6 KW |
| 7 | Konzept Personal | 4 KW |
| 8 | Abstimmung Konzepte | 1 KW |
| 9 | Vorbereitungsarbeiten | 16 KW |
| 10 | Überprüfung/Tests | 6 KW |
| 11 | Messe durchführen | 10.-14.02.2015 |
| 12 | Auswertung Messe | 2 KW |
| 13 | Nachbereitung Vertrieb | bis Projektende |
| 14 | Projektende | 24.09.15 |

# Den Projektplan fertig stellen

## Meilensteine setzen

**Übung 30**
**15 min**

Zwischenziele, sog. Meilensteine, besagen, was bis zu einem bestimmten Termin erreicht worden sein soll. Typische Projektmeilensteine liegen z. B. bei Abschluss einer Phase, Abnahmetermine durch Auftraggeber, Vorlage wichtiger Teilergebnisse, Abschluss kritischer Abschnitte, Projektende.

- Wo liegen Meilensteine bei den Projekten Hausbau und Installation einer Software (Übungen 23 und 25)?
- Wo setzen Sie beim CeBIT-Projekt Meilensteine? Tragen Sie diese als ganze Sätze in das Formular ein. Nutzen Sie dazu den PSP das Phasenmodell.

| Nr. | Meilensteine |
|---|---|
| | |

### Lösungstipp

Meilensteine werden nicht als Aufgabe, sondern als Ergebnis formuliert, z. B. „Teilprojekt A ist abgeschlossen" oder „Entscheidung B liegt vor."

## Lösung

- Mögliche Meilensteine liegen *nach* folgenden Aufgaben: **Hausbau**: Grundstückskauf, Baugenehmigung, Entwurf des Architekten, Rohbau (Richtfest), Außenanlagen und Innenausbau, Abnahme des Hauses. **Installation einer Software**: Bedarfsklärung Kunden, Auswahl des geeigneten PCs und der Software, Installation, Schulungen
- So könnte Ihr Meilensteinplan für das CeBIT-Projekt aussehen, der in der Realität um die Spalten Plan-Termin und Ist-Termin ergänzt wird:

| Nr. | Meilensteine | Plan | Ist |
|---|---|---|---|
| | Situations- und Stakeholderanalyse sowie Zieldefinition liegen vor. | | |
| | Der Terminplan ist abgenommen. | | |
| | Konzepte für Kommunikation, Kunden, Personal und Nachbereitung sind erarbeitet und abgenommen. | | |
| | Die Vorbereitungen sind abgeschlossen. | | |
| | Der Stand ist gebaut. | | |
| | Die Messe ist durchgeführt. | | |
| | Die Nachbereitungen sind abgeschlossen. | | |

Praxistipps für die weitere Terminplanung

- Kleinere und übersichtliche Projekte lassen sich mit Terminplänen in Balkendiagrammform bestreiten. Einfache Balkendiagramme können Sie leicht mit Ihrer Textverarbeitung herstellen: Einfach eine Tabelle erzeugen mit so vielen zusätzlichen Spalten wie Kalendertage oder -wochen und darin die Arbeitspaketdauer rastern oder schraffieren.
- Spätestens bei der Terminplanung von umfangreichen Projekten wie dem CeBIT-Projekt mit vielen Arbeitspaketen, Teammitgliedern und einer Dauer von vielen Monaten, ist der Einsatz von Projektmanagement-Software zu empfehlen. Mit ihr können Sie Termine berechnen und hervorragend „Was-wäre-wenn-Simulationen" durchführen. Die Software hat jedoch immer nur unterstützenden Charakter, sie erspart dem Projektleiter nicht die Planung und Steuerung des Projekts.
- Grundlage für die Arbeit mit der ProjektmanagementSoftware sind der Meilensteinplan, der Ablaufplan und die Liste mit der Dauer der Arbeitspakete (Übungen 27-30). Als ersten Schritt können Sie auch die jeweiligen Anfangs- und Endtermine jedes Arbeitspakets zunächst in Ihren Ablaufplan eintragen, indem Sie diese einfach über die Kästchen notieren. Dann fällt Ihnen die Terminplanerstellung mit der Software leichter.

- Stellt sich bei der Terminplanung heraus, dass Sie den vorgegebenen Endtermin nicht halten können, haben Sie drei Möglichkeiten:
  - Sie können mehr Personal einsetzen: Aber: Das erhöht natürlich die Kosten, zum einen Personalkosten, aber auch Ihren eigenen Koordinationsaufwand.
  - Sie können Qualitätsansprüche senken. Vielleicht reicht es bei manchen Arbeitspaketen ja aus, wenn das Ergebnis weniger perfekt ist. Aber: Wie wirkt sich das auf das Gesamtergebnis aus?
  - Sie können mehr Aufgaben parallel bearbeiten lassen, sollten aber bedenken, dass sich dann ebenfalls der Aufwand für die Koordination dieser Aufgaben erhöht. Der Projektleiter wird stärker gefordert.

(siehe auch Übung 39: Risiken der Steuerungsmaßnahmen erkennen).

> Denken Sie daran: Wegen Urlaub, Krankheit, Wochenenden usw. hat das Jahr nur zehn Monate und die Woche vier Arbeitstage, die Sie wirklich verplanen können.

## Kapazitäten planen

**Übung 31**
**15 min**

Herr Schott, Mitglied des CeBIT-Teams, steht nach einigen Wochen wiederum unter zu großer Arbeitsbelastung. Dieses Mal kommt er selbst zu Ihnen und erklärt:

„Ich befürchte, dass ich nicht ausreichend Zeit für das Projekt habe. Ich brauche täglich mindestens vier Stunden für mein Tagesgeschäft. Sie wollen mich jede Woche einen halben Tag im Messeprojekt. In KW 6, 7 und 10 muss ich einen Tag für Projekt 2 arbeiten. In KW 8, 9 und 11 soll ich einen halben Tag für Projekt 3 zur Verfügung stehen. Projekt 5 benötigt in KW 7 und 9 je einen Tag. Und schließlich soll ich in KW 8 einen zweitägigen Startworkshop und in KW 10 einen eintägigen Workshop für Projekt 4 mitmachen. Können Sie mir erklären, wie ich das schaffen soll?"

Sie möchten ihm helfen und skizzieren eine Übersicht, aus der seine Auslastung für die Kalenderwochen 6 bis 11 hervorgeht. Auf Basis dieser Übersicht können Sie über den Einsatz des Mitarbeiters in Ihrem Projekt entscheiden. Gehen Sie von einem 8 Stunden-Tag, also 40 Stunden Wochenarbeitszeit, aus.

Wie sieht die Übersicht aus?

## Lösung

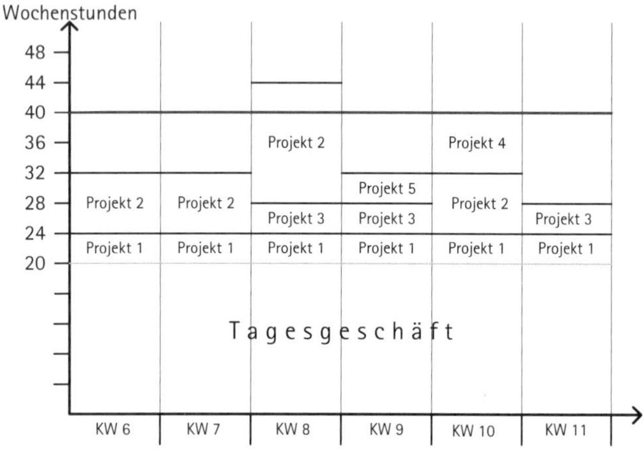
Wochenstunden
48
44
40
36
32
28
24
20
Projekt 2
Projekt 4
Projekt 2
Projekt 2
Projekt 5
Projekt 2
Projekt 3
Projekt 3
Projekt 3
Projekt 1
Projekt 1
Projekt 1
Projekt 1
Projekt 1
Projekt 1
Tagesgeschäft
KW 6
KW 7
KW 8
KW 9
KW 10
KW 11

# Die Kosten ermitteln

## Kosten schätzen

**Übung 32**

**5 min**

Ihre Chefin fordert Sie auf, kurzfristig eine Einschätzung der Kosten für das CeBIT-Projekt abzugeben. Sie laden das Team zu einer Schätzklausur ein. Zur Vorbereitung erstellen Sie eine Liste der typischen Messekosten.

Welche Kostenverursacher gibt es bei seinem Messe-Projekt?

### Lösungstipps

Gehen Sie in Gedanken das Projekt in seinem Verlauf durch und machen Sie auch einen „Spaziergang" zum Messestand.

## Lösung

Typische Messekosten sind:

- Personalkosten inkl. Schulung und Training
- Reisekosten
- Bewirtungskosten
- Standbau
- Miete Standfläche
- Verbrauchskosten (Strom, Wasser usw.)
- Ausstattung/Materialien
- Transportkosten
- Entsorgungskosten
- Kosten für PR
- Einladungen und Werbung inkl. Werbemittel
- Kosten der Nachbereitung

### Praxistipp

Grundsätzlich gibt es bei Projekten zwei Arten von Kosten: Personalkosten (interne Kapazitäten) und Kosten für Sachmittel oder Dienstleistungen, die von außen bezogen werden. Die Personalkosten ermitteln Sie über die Kapazitätenplanung: Ordnen Sie die personellen Ressourcen den Arbeitspaketen zu und multiplizieren Sie den daraus ermittelten Aufwand mit den Stundensätzen der Mitarbeiter.

## Die Fälligkeit der Kosten ermitteln

**Übung 33**
**5 min**

Um die Finanzierung des Projekts über seinen gesamten Verlauf hinweg sicherzustellen, muss ermittelt werden, wann im Verlauf eines Projektes welche Kosten anfallen. Im Folgenden sehen Sie eine Übersicht mit einem Teil der Messekosten. Ordnen Sie die Kosten den Arbeitspaketen zu, während derer über die Kosten *entschieden* wird.

| Nr. | Arbeitspaket | Kosten in Euro |
|---|---|---|
| 1 | Start Projekt | |
| 2 | Konzept Messestand | |
| 3 | Auswahl Standbauer | |
| 4 | Bau des Standes | 23.000 |
| 5 | Konzept Kommunikation | |
| 6 | Konzept Kunden | |
| 7 | Konzept Personal | |
| 8 | Abstimmung Konzepte | Berater 5.000 |
| 9 | Vorbereitungsarbeiten | Training 4.000<br>Werbung 4.000 |
| 10 | Überprüfung/Tests | Werbung 4.800 |
| 11 | Messe durchführen | Standkosten 15.000<br>Standservice 2.000<br>Transport 1.000<br>Reisekosten 7.000<br>Bewirtung 5.000 |
| 12 | Auswertung Messe | |
| 13 | Nachbereitung Vertrieb | |
| 14 | Projektende | |

# Lösung

| Nr. | Arbeitspaket | Entscheidung über die Kosten |
|---|---|---|
| 1 | Start Projekt | Berater 5.000 |
| 2 | Konzept Messestand | Standbau 23.000 |
| | | Standkosten 15.000 |
| | | Transport 1.000 |
| 3 | Auswahl Standbauer | |
| 4 | Bau des Standes | |
| 5 | Konzept Kommunikation | Werbung 4.000 |
| | | Werbung 4.800 |
| 6 | Konzept Kunden | Standservice 2.000 |
| | | Bewirtung 5.000 |
| 7 | Konzept Personal | Reisekosten 7.000 |
| | | Training 4.000 |
| 8 | Abstimmung Konzepte | |
| 9 | Vorbereitungsarbeiten | |
| 10 | Überprüfung/Tests | |
| 11 | Messe durchführen | |
| 12 | Auswertung Messe | |
| 13 | Nachbereitung Vertrieb | |
| 14 | Projektende | |

## Praxistipp

Sie sehen: Die Entscheidung über die Kosten wird deutlich vor dem Zeitpunkt Ihrer Fälligkeit getroffen. In der Praxis erstellt man deshalb bei größeren Projekten eine sog. Kostenganglinie, ein Kurvendiagramm, das den Kostenverlauf darstellt und das ständig aktualisiert wird. Die Basis dafür ist der Terminplan.

# Risiken analysieren

## Risiken erfassen und bewerten

**Übung 34**
**7 min**

Ihr Team hat zwar kritische Erfolgsfaktoren für das Projekt benannt. Allerdings hat es die Risiken für die einzelnen Arbeitspakete weder systematisch erfasst noch einen Maßnahmenplan aufgestellt, wie mit den Risiken umzugehen ist. Wenn der Projektstrukturplan steht und die Arbeitspakete definiert und geplant sind, kann eine Risikoanalyse erfolgen. Nehmen Sie für das Arbeitspaket „Einladung der Kunden" eine Risikoanalyse vor. Notieren Sie in der Tabelle auf der folgenden Seite:

- ob die Eintrittswahrscheinlichkeit hoch (h), mittel (m) oder niedrig (n) ist,
- welcher Schaden entstehen kann und
- was sie zur Vorbeugung unternehmen können.

| Risiko | Wie wahrscheinlich | Möglicher Schaden | Vorbeugende Maßnahmen |
|---|---|---|---|
| zu spät verschickt; | | | |
| Rücklauf kommt zu spät | | | |
| Fehler bei der Produktion der Einladungen | | | |
| zu wenig Engagement beim Nachfassen | | | |

# Lösung

| Risiko | Wie wahrscheinlich | Möglicher Schaden | Vorbeugende Maßnahmen |
|---|---|---|---|
| zu spät verschickt;<br>Rücklauf kommt zu spät | n | zu wenige Kunden am Stand;<br>verärgerte Kunden | Produktion und Versand frühzeitig einplanen |
| Fehler bei der Produktion | m | Terminverzug | genaues Briefing von Agentur und Druckerei, Kontrolle der Arbeitsschritte |
| zu wenig Engagement beim Nachfassen | h | Kunden nehmen den Messetermin nicht als wichtig wahr | einen Mitarbeiter mit Nachfassen beauftragen |

## Praxistipps

- Bei Ihren Projekten erstellen Sie diese Tabelle natürlich mit sämtlichen Arbeitspaketen Ihres PSP. So entsteht ein übersichtlicher Risikoplan mit Maßnahmenkatalog.
- Es gibt vier Wege, mit Risiken umzugehen:
  - Risiken akzeptieren, weil ihre Auswirkungen gering sind oder weil ihr Eintreten relative unwahrscheinlich ist.
  - Vorbeugende Maßnahmen ergreifen, um ihr Eintreten zu verhindern.
  - Korrigierende Maßnahmen festlegen, um im Fall des Falles vorbereitet zu sein.
  - Frühwarnsignale festlegen, um rechtzeitig reagieren zu können.

## Korrekturmaßnahmen festlegen

**Übung 35**
**10 min**

Je komplexer ein Projekt ist, desto mehr kann schief gehen. Vorbeugung allein genügt dann nicht. In der Tabelle sind Risiken aufgeführt, die für viele Projekte typisch sind. Welche vorbeugenden Maßnahmen fallen Ihnen ein und mit welchen korrigierenden Maßnahmen würden Sie auf das Eintreten der Risiken reagieren?

| Risiko | vorbeugende Maßnahmen | korrigierende Maßnahmen |
|---|---|---|
| unzureichend qualifiziertes Personal | | |
| zu wenig Personal | | |
| unrealistische Zeitpläne | | |
| unrealistische Budgets | | |
| ständige Änderungswünsche | | |
| schlechte Arbeitsqualität | | |
| schlechte Qualität Externer | | |

# Lösung

| Risiko | vorbeugende Maßnahmen | korrigierende Maßnahmen |
|---|---|---|
| unzureichend qualifiziertes Personal | sorgfältige Auswahl, Trainingsmaßnahmen, Spezialisten einkaufen | Risikobudget für externe Spezialisten einplanen |
| zu wenig Personal | Auftraggeber um Unterstützung bitten, Fremdvergabe planen | Risikobudget für Externe planen |
| unrealistische Zeitpläne | detaillierter planen, regelmäßige Überprüfung, Puffer einplanen | personelle Reserven einplanen |
| unrealistische Budgets | detaillierter planen, Budgetzuschlag | Risikobudget Auftraggeber |
| ständige Änderungswünsche | klarer, schriftlicher Projektauftrag | Konsequenzen (Kosten, Termin) aufzeigen |
| schlechte Arbeitsqualität | Arbeitspakete schriftlich definieren, Reportingfristen verkürzen | personelle Alternativen vorbereiten |
| Qualität Externer | Festpreisvertrag, Reportingfristen verkürzen | alternative Anbieter suchen |

## Praxistipps

Die Ergebnisse aus der Risikoanalyse müssen unbedingt in die Erstellung des Terminplans einfließen.

# Projekte durchführen und beenden

In diesem Kapitel lernen Sie:

- wie Sie Planabweichungen erkennen,
- welche Steuerungsinstrumente es gibt und wo ihre Risiken liegen,
- wie Sie dokumentieren und berichten,
- das Projekt zu einem erfolgreichen Abschluss führen.

# Darum geht es in der Praxis

Endlich, Ihr Projekt läuft. Können Sie sich jetzt entspannt zurücklehnen und den anderen bei der Arbeit zusehen? Natürlich nicht, denn jetzt müssen Sie zeigen, ob Sie das Projekt trotz aller Widrigkeiten im Griff haben.

Das Projekt steuern - eine der wichtigsten Aufgaben des Projektmanagements. Hier spielen alle Kompetenzen eine Rolle, die wir zu Beginn angesprochen haben: einerseits die berühmten Soft Skills, denn es gilt ja nicht nur zum Projektstart, Konflikte zu klären oder Teammitglieder zu motivieren. Und die Stakeholder sollten Sie ja auch während des Projekts „pflegen"... Steuern heißt vor allem: Informieren und informiert sein, nämlich über den Stand von Qualität, Kosten und Terminen. Also natürlich kontrollieren - über konsequente Pflege des Berichtswesens, die Sie von den Teammitgliedern einfordern. Und: eingreifen, wenn einer der drei „magischen" Eckpunkte bedroht ist und damit das Projektziel. Auch eine gute Dokumentation der Zwischenergebnisse und Entscheidungen ist wichtig - nicht nur, damit Sie sich im Zweifelsfall rechtfertigen können, sondern vor allem, damit das nächste Projekt und die gesamte Organisation davon profitieren.

Wenn Sie die folgenden Übungen bearbeiten, wissen Sie, wie Sie Planabweichungen frühzeitig erkennen, die richtigen Steuerungsmaßnahmen ergreifen, wie Sie berichten und dokumentieren und Ihr Projekt zu einem erfolgreichen Abschluss bringen.

# Planabweichungen erkennen und korrigieren

## Ist-Zustand herausfinden

Übung 36
10 min

Sie können zufrieden sein: Das CeBIT-Projekt ist ins Rollen gekommen. Aber jetzt heißt es aufpassen, um den Moment zum Eingreifen nicht zu verpassen! Dafür müssen Sie aber wissen, was der Stand der Dinge ist. Deshalb befragen Sie die Teammitglieder nach dem Stand ihrer Arbeitspakete und erhalten unten stehenden Antworten. Aber sagen die Mitarbeiter wirklich, was sie denken? Oder kaschieren sie damit vielleicht die wirklichen Probleme? Formulieren Sie Fragen oder Aussagen, die es Ihnen ermöglichen, Klarheit bezüglich folgender Aussagen zu schaffen:

- Wir sind zu 90 % fertig.
- Es ist geplant, nächste Woche zu starten.
- Die wesentlichen Probleme scheinen gelöst.
- Die Übergabe steht unmittelbar bevor.
- Vor Abschluss sind noch einige Detailfragen zu klären.
- Es gibt noch internen Diskussionsbedarf.

## Lösung

- „Wir sind zu 90 % fertig." kann bedeuten: Wir werden nie fertig. Sie fragen: „Wann haben Sie eine halbe Stunde Zeit, so dass wir uns den Bearbeitungsstand gemeinsam genauer ansehen können?"
- „Es ist geplant, nächste Woche zu starten." kann bedeuten: Niemand weiß, wann wir anfangen werden. Sie fragen: „Sie wissen, dass der 10. der verbindliche Termin für den Start des Arbeitspaketes ist? Lassen Sie uns gemeinsam durchrechnen, ob der Termin zu erreichen ist."
- „Die wesentlichen Probleme scheinen gelöst." kann bedeuten: Wir haben das Projekt ansatzweise verstanden. Sie sagen: „Ich schlage vor, dass wir uns noch einmal über das Arbeitspaket unterhalten, um letzte Unstimmigkeiten auszuräumen."
- „Die Übergabe steht unmittelbar bevor." kann bedeuten: Es ist noch lange nicht so weit. Sie fragen: „Könnten Sie mir bitte den Bearbeitungsstand im Detail zeigen?"
- „Vor Abschluss sind noch einige Detailfragen zu klären." kann bedeuten: Wir wissen nicht, wie wir das hinkriegen. Sie sagen: „Ich schlage vor, dass wir uns gemeinsam noch einmal die Arbeitspaketbeschreibung ansehen, um alle Unklarheiten auszuschließen."
- „Es gibt noch internen Diskussionsbedarf." kann bedeuten: Jemand blockiert die Sache. Sie fragen: „Könnten Sie mir skizzieren, worüber Uneinigkeit besteht? Vielleicht kann ich irgendwie zur Klärung beitragen."

## Das Projekt kontrollieren

**Übung 37**
**10 min**

Natürlich sind Sie bei der Projektkontrolle nicht nur auf die Aussagen Ihrer Teammitglieder angewiesen. Hauptaufgabe ist es, das Projektziel im Auge zu behalten und damit die drei Eckpunkte jeder Projektarbeit:

- Wo stehen wir in Bezug auf die Qualität, das Ergebnis?
- Wo stehen wir in Bezug auf den Aufwand, die Kosten?
- Wo stehen wir in Bezug auf die Zeit, die Termine?

Auch Ihr CeBIT-Projekt sollten Sie entsprechend kontrollieren:

- Welche bisher erstellten Arbeitsmittel dienen Ihnen als Grundlage für die Überprüfung des Bearbeitungsstandes und die Ermittlung des Projektfortschritts? Worauf achten Sie besonders?
- Welche Arbeitsmittel brauchen Sie zusätzlich, um die drei Eckpunkte kontrollieren zu können?
- Denken Sie an die kritischen Erfolgsfaktoren aus Übung 3: Auch die Teamarbeit ist ein Indikator dafür, wie gut ein Projekt läuft. Woran sehen Sie, dass die Teamarbeit gut läuft?

## Lösung

- **Ergebnis:** Das Messeziel (Übung 15) ist die Generierung von Messeaufträgen in Höhe von 200.000 Euro, die Herstellung von 30 neuen Kundenkontakten und die Kundenbefragung mit einem Rücklauf von mindestens 50 Fragebögen. Auf den ersten Blick scheint es also, als könnten Sie - wie oft bei organisatorischen Projekten wie dem Messeauftritt - die Qualität erst nach der Durchführung der Messe überprüfen. Aber: Sie können die Qualität der Vorbereitungen überprüfen, und zwar durch:
  - Sie kontrollieren das Ergebnis der einzelnen Arbeitspakete. Das Arbeitsmittel sind hier die Arbeitspaketbeschreibungen der Teammitglieder sowie Statusberichte.
  - Auch die Teamarbeit ist ein Indikator für die Qualität der Leistungen. Arbeitsmittel sind hier vor allem regelmäßige Statusbesprechungen und Protokolle. „Weiche" Faktoren, wie das Auftreten von Konflikten, die Art der Kommunikation und Information, bis hin zur Stimmung im Team, sind Indikatoren für eine gute Teamarbeit.
- **Kosten:** Plan-Ist-Vergleich anhand der Kostenschätzung und des Terminplans (Dauer der Arbeitspakete)
- **Termine:** Plan-Ist-Vergleich anhand des Ablaufplans und Terminplans. Besonders achten Sie auf die fristgerechte Erreichung der Meilensteine.

## Steuerungsmaßnahmen ergreifen

**Übung 38**
**10 min**

Sie stellen im Laufe Ihres Projektes folgende Abweichungen vom Plan fest. Welche Steuerungsmaßnahmen ergreifen Sie, um diese Probleme zu lösen?

- Der Standbauer hält schon zu Beginn Zusagen nicht ein.
- Die Geschäftsführung stellt sich den Messestand auf einmal ganz anders vor.
- Der Vertrieb probt den Aufstand, weil er sich an einen Gesprächsleitfaden halten soll und eine bestimmte Anzahl von Gesprächen pro Tag vorgegeben wird.
- Die Geschäftsführung sträubt sich gegen die Pressearbeit. Sie ist sich nicht sicher, ob sie den Presseleuten gewachsen ist.
- Die Messegesellschaft weist dem Unternehmen einen neuen Stand mit anderen Maßen zu.
- Das neue Produkt wird für die Messe möglicherweise nicht fertig werden.
- Der externe Berater wird vom Team abgelehnt, schließlich kann man das doch wohl selbst.
- In der Nachbereitung schafft der Vertrieb die Vorgaben nicht, weil das Tagesgeschäft angeblich keine Zeit dazu lässt.

## Lösung

- Für den Rest des Auftrags Konventionalstrafen vereinbaren oder den Standbauer wechseln.
- Kosten für Änderungen ermitteln und präsentieren, die Konsequenzen von einem Externen (Standbauer) erläutern lassen oder vorschlagen, diese Wünsche im Erfahrungsbericht für die nächste Messe zu dokumentieren.
- Workshop mit Vertrieb ansetzen und Leitfaden trainieren, Vorgaben erläutern und diskutieren, evtl. durch Geschäftsführung für verbindlich erklären lassen.
- Versuchen, über Abteilungsleiter oder andere Stakeholder, die Geschäftsführung zur gezielten Vorbereitung zur bewegen oder direkten Kontakt zu Journalisten vermitteln, die über Grundlagen ihrer Arbeit informieren.
- Ruhe bewahren, Konsequenzen durch Standbauer ermitteln lassen. Bei großen Änderungen Auftraggeber einen Vorschlag für die weitere Vorgehensweise unterbreiten und durch diesen entscheiden lassen.
- Termin mit der Produktentwicklung vereinbaren, gemeinsam eine Lösung suchen, ggf. den Auftraggeber einschalten und zusätzliches Budget beantragen.
- Möglichst bald einen ersten Workshop mit dem Berater ansetzen, erst dann über den weiteren Einsatz entscheiden. Vertrag mit Berater entsprechend gestalten.
- Für die Nachbereitung klare Ziele vereinbaren und in kurzen Abständen (monatlich) kontrollieren.

## Risiken der Steuerungsmaßnahmen erkennen

**Übung 39**
**10 min**

Mit Steuerungsmaßnahmen lassen sich Planabweichungen korrigieren, doch sie bergen auch Gefahren. Stellen Sie beispielsweise neue Mitarbeiter ein, müssen diese eingearbeitet werden. Das kostet Zeit, außerdem kann es häufiger zu Fehlern kommen. Hierdurch steigt das Risiko einer Terminverschiebung. Vielleicht müssen sogar bei der Qualität Abstriche gemacht werden.

Wo liegen die Risiken der folgenden Steuerungsmaßnahmen?

- Sie tauschen Mitarbeiter aus.
- Sie reorganisieren das Projekt.
- Sie kaufen externes Know-how ein.
- Sie wechseln den Lieferanten.
- Sie setzen Überstunden an.
- Sie lassen mehr Arbeitspakete parallel bearbeiten.
- Sie setzen zusätzliches Personal ein.
- Sie setzen zusätzliches, externes Personal ein.
- Sie verwandeln Muss- in Sollziele.

## Lösung

| Maßnahme | mögliche Probleme |
|---|---|
| Mitarbeiter austauschen | erhöhter Koordinationsaufwand, Einarbeitungszeiten. |
| Projekt reorganisieren | Widerstände der Betroffenen, Projekt gilt als gescheitert. |
| Externes Know-how einkaufen | Abhängigkeit entsteht, Übertragbarkeit nicht sicher. |
| Lieferanten wechseln | Zeitverlust durch Suche, erneutes Qualitätsrisiko. |
| Überstunden ansetzen | mitbestimmungspflichtig, erhöhter Koordinationsaufwand. |
| mehr Arbeitspakete parallel bearbeiten | erhöhter Koordinationsaufwand, technische Risiken. |
| zusätzliches eigenes Personal | Einarbeitung, erhöhter Koordinationsaufwand. |
| zusätzliches fremdes Personal | Einarbeitung, Koordination, Qualifikation, Erfahrung. |
| Fremdvergabe von Arbeitspaketen | Zeitverlust für Suche, erhöhter Kontrollaufwand. |
| Muss- in Sollziele verwandeln | verdeckte Terminverschiebung, Marktanforderungen erfüllt? |

# Berichten und dokumentieren

## Den Informationsbedarf des Auftraggebers kennen

**Übung 40**
**7 min**

Ihr Freund, der in dem Chaos-Projekt aus Übung 3 noch Teammitglied war, leitet zum ersten Mal ein Projekt. Er kommt zu Ihnen, um ein Problem zu besprechen:

„Stell dir vor, mein Chef hat gesagt, dass er keine Zeit für meine langen Geschichten hat. Er will Fakten, und zwar so, dass er sofort Bescheid weiß und klare Vorstellungen davon bekommt, was gerade läuft. Er meinte, es ärgere ihn, wenn jeder Projektleiter seine eigene Art der Berichterstattung habe. Er müsse dann jedes Mal herausfinden, welche Punkte wirklich wichtig sind. Jetzt hat er mich aufgefordert, regelmäßige Statusberichte abzugeben. Ich dachte, ich soll ein Projekt zum Erfolg führen, stattdessen kommt er mir mit Formularen. Was hältst du denn davon?"

Was antworten Sie ihm? Aus welchen Gründen sind Statusberichte für den Auftraggeber wichtig?

### Lösungstipp

Versetzen Sie sich in die Lage des Auftraggebers. Welche Voraussetzungen müssen erfüllt sein, damit er seine Aufgaben wahrnehmen kann? Welche Bedürfnisse hat er? Welche Fragen will er beantwortet wissen?

## Lösung

Die Forderungen des Auftraggebers sind berechtigt. Die Gründe sind:

- Er kann Entscheidungen nur treffen, wenn er über Schlüsselinformationen verfügt. Also muss er wissen:
  - Was wurde getan?
  - Wo steht das Projekt?
  - Gibt es Probleme oder sind welche absehbar?
  - Was beabsichtigt der Projektleiter?
- Nur die einheitliche Form der Informationsaufbereitung ermöglicht es ihm, dass er sich auf zentrale Fragen und Themen konzentrieren kann. Es ist im Übrigen auch für den Projektleiter hilfreich, sich keine Gedanken um die Form machen zu müssen.
- Bei einer großen Zahl von Projekten behält der Auftraggeber leichter den Überblick.
- Die Abfrage zentraler Punkte durch den Statusbericht stellt sicher, dass der Projektleiter dem Auftraggeber keine Antwort schuldig bleibt.

Zum Berichtswesen gehören natürlich auch alle Formen der mündlichen Kommunikation. Wenn es um Risiken und die Einschätzung von Entwicklungen geht, ist das persönliche Gespräch oder die Besprechung unerlässlich.

## Bestandteile eines Statusberichts kennen

**Übung 41**

**5 min**

Ihre Chefin ruft Sie zu sich und klagt:

„Ich habe das Gefühl, ich werde nicht ausreichend über unsere Projekte informiert. Ich könnte nicht auf Anhieb sagen, wo die jeweiligen Projekte stehen, inwieweit die Ziele erreicht werden, woran die Teams gerade arbeiten, ob und welche Probleme es gibt. Und ich habe auch keine Ahnung, ob die Projektleiter in der Lage sind, mit den Problemen fertig zu werden oder sich nur nicht trauen, mich zu fragen. Erkennen sie überhaupt die Risiken, die im Projekt lauern? So geht das nicht weiter. Ich erwarte, dass alle Projektleiter in Zukunft regelmäßig ein einheitliches Formular ausfüllen, das mich über den Status der Projekte informiert. Bitte entwerfen Sie ein Formular für einen Statusbericht. Es darf nicht länger als eine Seite sein."

Überlegen Sie, welche Fragen in einem solchen Bericht immer beantwortet werden müssen.

### Lösungstipp

Ein Statusbericht muss so verfasst sein, dass er den Auftraggeber in die Lage versetzt, projektbezogene Entscheidungen zu treffen. Schneiden Sie ihn also genau auf die Bedürfnisse des Auftraggebers zu.

## Lösung

Ein Statusbericht muss folgende Fragen beantworten:

- Um welches Projekt geht es?
- Was soll im jetzigen Projektabschnitt erreicht werden?
- Was wurde getan?
- Wie sieht das bisherige Ergebnis aus?
- Wo steht das Projekt bezogen auf:
  - Leistung (Qualität)?
  - Aufwand (Kosten)?
  - Zeit (Termin)?
- Gibt es Probleme oder Risiken?
- Was wird dagegen unternommen?
- Was soll das bewirken?

- Ein Beispiel für einen Statusbericht sehen Sie auf der nächsten Seite.

### Praxistipps

- Für alle Projekte gibt es nur **eine** Art von Statusbericht. Alle wichtigen Informationen stehen auf einer Seite! Sind mehr Informationen erforderlich, gibt es Anlagen.
- Alle Statusberichte kommen zum gleichen Termin. Die Führung braucht eine Gesamtsicht.

## Beispiel für einen Statusbericht

**Projektstatusbericht** **Anlass**: Monatsbericht

**Projekt**: Messeauftritt CeBIT 2015 **Datum**: 30.09.2014

**Projektleiter**: Max Mustermann **Phase**: Umsetzung

**Ziele des aktuellen Abschnitts:**

Erarbeitung eines Konzepts für den Stand

**Aktivitäten im Berichtszeitraum:**

Ein Modell wurde gezeichnet und im Team besprochen.

**Stand der Gesamtleistung:**

Die Messestand-Konzeption steht, es sind aber noch einige technische Fragen wegen der Umsetzung zu klären.

| | im Plan | hinter Plan | kritisch | Bemerkungen |
|---|---|---|---|---|
| Leistung | | X | | Abstimmung ist schwierig. |
| Termine | | X | | Die Dauer wurde unterschätzt. |
| Aufwand | X | | | |

**Störungen/Probleme/Risiken:**

Die Produktion könnte aufwändiger sein als erwartet.

**Vorgesehene Maßnahmen**:

Gespräch und Diskussion mit dem Messebauer.

**Erwartete Wirkungen**:

Der Entwurf wird so korrigiert, dass er fristgerecht realisierbar ist.

Anlagen: Aktuelles Standkonzept, Protokoll der Teambesprechung

Verfasser: Max Mustermann

- Behalten Sie das Berichtswesen auch bei, wenn es an der Unternehmensspitze zu einem Führungswechsel kommt. Selbst wenn im Rahmen der Veränderungen einmal über längere Zeit keine Statusberichte gefordert werden – sichern Sie sich ab, indem Sie diese fortführen.
- Das Berichtswesen dient nicht dazu, Schuldige zu suchen und Unschuldige zu bestrafen. Es dient der Zielerreichung. Wenn Ihr Projekt einmal hinter Plan ist, können Sie Ihren Auftraggeber beruhigen, indem Sie seriöse Vorschläge machen, wie die Probleme gelöst werden können.
- Haben Sie Verständnis dafür, wenn Ihr Auftraggeber Statusberichte einfordert. Nur so ist er in der Lage, seiner Verantwortung für den Entscheidungsprozess in den Projekten gerecht zu werden.
- Das Formular Statusbericht können Sie auch für andere Zwecke, z. B. Meilensteinberichte oder Berichte über Teilprojekte und Arbeitspakete benutzen. Sie vereinbaren mit Ihrem Team und mit dem Auftraggeber zum Projektstart, wann wer welche Berichte erhält. In manchen Firmen ist dies bereits durch entsprechende Leitfäden festgelegt.
- Teil des Berichtswesens sind auch die regelmäßigen Berichte zwischen Ihnen und Ihren Teammitgliedern. Wichtig sind Sie vor allem bei größeren Projekten mit vielen, zu koordinierenden Teammitgliedern und Arbeitspaketen. Form und Inhalt sind analog zum Statusbericht gestaltet.

## Eine Statusbesprechung vorbereiten

**Übung 42**
**7 min**

Selbst das gewissenhafteste Berichtswesen kann die Kommunikation nicht ersetzen. Ein zentrales Instrument der Projektsteuerung sind daher Besprechungen.

Sie bereiten Ihre erste Statusbesprechung vor und möchten zusammen mit der Einladung einen Fragenkatalog versenden und alle Teammitglieder bitten, diesen durchzugehen. Den Fragenkatalog könnten Sie dann gleichzeitig als Tagesordnung für die Besprechung nutzen.

Wie sieht Ihr Fragenkatalog für die Projektstatusbesprechung aus?

### Lösungstipps

- Denken Sie daran, dass jede Statusbesprechung Glied einer Kette von solchen Besprechungen ist.
- Die Besprechung dient auch dazu, den Statusbericht an den Auftraggeber vorzubereiten.

## Lösung

Fragenkatalog zur Vorbereitung einer Statusbesprechung:

- Welche offenen Punkte aus vergangenen Sitzungen wurden erledigt?
- Welche Punkte sind weiter offen und warum?
- Welche Maßnahmen wurden bzw. werden ergriffen?
- Welche Arbeitspakete wurden seit der letzten Sitzung bearbeitet?
- Sind sie abgeschlossen bzw. ist ihre Bearbeitung im Plan?
- Falls nein, warum nicht und welche Konsequenzen hat die Abweichung?
- Wie können die Abweichungen wieder aufgefangen werden?
- Sind Risken bezüglich der aktuellen bzw. künftigen Arbeitspakete erkennbar?
- Welche Maßnahmen sollten getroffen werden?

### Praxistipps

- Natürlich wird am Ende ein Protokoll mit den zu erledigenden Maßnahmen erstellt. Die Gliederung ist einfach: Wer macht was bis wann.
- Es lohnt sich, bei Abweichungen kurz die Gründe und die Maßnahmen aufzuschreiben. So wird der Lernprozess, den jedes Projekt darstellt, dokumentiert. Diese Informationen sind auch sehr hilfreich bei der Abschlussanalyse eines Projektes (Übung 44).

## Dokumentieren

**Übung 43**

**5 min**

Sie möchten doch den Überblick behalten! Also legen Sie einen elektronischen und einen Papier-Projektordner an, der es Ihnen und anderen ermöglicht, stets „voll im Bilde" zu sein. Welche Dokumente enthalten die Ordner und wie sieht die Gliederung aus?

### Lösungstipps

- Wie müsste das Inhaltsverzeichnis aussehen? Welche Punkte würden Sie in welcher Reihenfolge nennen?
- Die Dokumentation soll Ihnen helfen, folgende Fragen zu beantworten:
  - Wo steht das Projekt?
  - Wie ist es dahin gekommen?
  - Was ist noch unerledigt?

## Lösung

Ein guter Projektordner enthält die folgenden Punkte:

- Inhaltsverzeichnis
- Projektorganisation
- Projektaufträge
- Planungsunterlagen
- Berichte
- Sitzungsprotokolle
  - Projektteam
  - Auftraggeber
  - Gremien
- Sonstiger Schriftverkehr

### Praxistipps

Die elektronische Form des Projektordners hat viele Vorteile. Es gibt kaum Kapazitätsprobleme, viele können zugreifen und Dokumente leicht überarbeiten. Gefährlich leicht! Daher sollte einmal im Monat vom Projektplan eine Sicherungskopie oder eine Papierkopie erstellt werden, um den jeweiligen Stand festzuschreiben.

> In Organisationen mit vielen Projekten lohnt es sich, ein Projektbüro einzurichten. Hier werden auch alle Projektordner geführt, der Projektleiter hat eine Kopie oder eine schmalere Handakte.

# Das Projekt erfolgreich abschließen

## Zielerreichung und Projektqualität überprüfen

**Übung 44**
**10 min**

Das Projekt ist beendet. Jetzt ist der Zeitpunkt gekommen, einen kritischen Blick auf das Ergebnis zu werfen. Dabei ist nicht nur interessant zu untersuchen, ob das Projektziel erreicht wurde. Wichtig ist auch die Frage, ob das Projektmanagement geklappt hat. In der letzten Sitzung möchten Sie Ihr Team um eine Stellungnahme bitten. Jedes Mitglied soll Gelegenheit bekommen, das Projekt abschließend zu bewerten.

Entwerfen Sie einen einseitigen Fragebogen, um die Projektqualität zu überprüfen. Die Teilnehmer sollen jedes Kriterium auf einer Skala von 1 bis 5 bewerten.

### Lösungstipps

- Was müssen Sie fragen, damit die Teammitglieder die Erreichung des Projektziels einschätzen?
- Welche Hauptaufgaben haben Sie als Projektleiter in einem Projekt und wie könnten Sie diese abfragen?

## Lösung

| | |
|---|---|
| Wie gut haben wir das Projektziel erreicht? | □1 □2 □3 □4 □5 |
| Bemerkungen: | |
| Wie zufrieden sind unsere Kunden? | □1 □2 □3 □4 □5 |
| Bemerkungen: | |
| Wie zufrieden sind die Stakeholder? | □1 □2 □3 □4 □5 |
| Bemerkungen: | |
| Wie war die Vorgehensweise? | □1 □2 □3 □4 □5 |
| Bemerkungen: | |
| Wie lief der Informationsaustausch? | □1 □2 □3 □4 □5 |
| Bemerkungen: | |
| Wie war die Zusammenarbeit im Team? | □1 □2 □3 □4 □5 |
| Bemerkungen: | |
| Wie gut war das Projektmanagement? | □1 □2 □3 □4 □5 |
| Bemerkungen: | |
| Wie lief die Zusammenarbeit mit Externen? | □1 □2 □3 □4 □5 |
| Bemerkungen: | |

## Praxistipps

- Verteilen Sie diesen Fragebogen vor der Sitzung und werten Sie ihn auch vorher aus. Dann können Sie dem Team das Gesamtbild präsentieren.
- Gehen Sie dann noch einmal die Bewertung durch und diskutieren Sie die Gründe für die einzelnen Noten.
- Fragen Sie dann: Was ist zu tun, um das nächste Projekt noch besser zu machen? Die Ergebnisse gehören in den Projektordner.
- Sie können auch die Liste mit den Erwartungen der Stakeholder noch einmal hervorholen und fragen: Was davon haben wir erfüllt?
- Sollten Sie daran interessiert sein, weiter als Projektleiter/in zu arbeiten, so fragen Sie doch persönlich die wichtigsten Stakeholder nach ihrer Einschätzung des Projektes. Sie signalisieren damit Ihre Kundenorientierung und Ihre Bereitschaft, auch künftig zum Wohle der Kunden zu arbeiten. Dies wird sich auszahlen.

> In Organisationen mit vielen Projekten lohnt es sich, ein Projektbüro einzurichten. Hier werden auch alle Projektordner geführt, der Projektleiter hat eine Kopie oder eine schmalere Handakte.

Auf der folgenden Seite sehen Sie ein Muster für einen Projektabschluss- oder Ergebnisbericht, der gemeinsam mit dem Projektteam erarbeitet wird:

| Projektabschlussbericht | | |
|---|---|---|
| Projekt: | | Datum: |
| Projektleiter: | | |
| Ziel: | | |
| Termin: | | |
| Teilziele: | Messgröße (Soll) | Messgröße (Ist) |
| Muss-Ziele: | | |
| Soll-Ziele: | | |
| Kann-Ziele: | | |
| Rand-<br>bedingungen: | erfüllt: | nicht erfüllt: |
| Bemerkungen: | | |

# Stichwortverzeichnis

Ablauf 145
Ablaufplanung 77, 199
Abnahme 127
Abschluss 22
Abschlusskontrolle 122, 245
Arbeitspakete 76, 197
Aufgaben 10, 21, 137, 141
Aufwand 80, 205

Balkendiagramm 82
Befugnisse 15

Controlling 22

Dauer ermitteln 207
Dokumentation 58, 243

Erfolgsfaktoren 139

Fähigkeiten 14

Informieren 16, 58, 189
Ist-Zustand 227

Kapazitäten 80, 213
Kennzahlen 123
Kick-off-Meeting 91
Kommunikationsplan 191
Konflikte 117, 185
Kontrolle 107, 229
Kooperation 16
Kosten 138
Kostenplanung 84, 215

Lastenheft 31

Magisches Dreieck 28, 138
Matrix-Projektorganisation 47
Meilensteine 66, 209
Motivation 104

Netzplan 70

Organisationsbedarf 45
Organisationsformen 46

Priorität 44
Profil der Projektmitarbeiter 56
Projektabschlussbereicht 248
Projektauftrag 60, 151
Projektinstanzen 42
Projektkosten 86
Projektmarketing 189
Projektorganisation 48
Projektphasen 22, 66, 145
Projektstrukturplan (PSP) 70, 195

Qualitätssicherung 22, 114

Rahmenbedingungen 159
Review 116
Risiken 33, 219
Risiken managen 35
Risiko-Bewertungsmatrix 36

Selbsteinschätzung 18, 135
Soll-Ist-Vergleiche 108
Stakeholder 37, 139, 163
Startworkshop 92, 155
Statusberichte 112, 235
Statusbesprechung 93, 241
Steuerungsmaßnahmen 231

Teamaufgaben 90
Teambesprechungen 181
Teamentwicklung 102, 177
Teamgröße 50
Teamregeln 96
Teamrollen 100
Teamzusammenstellung 54
Terminplan 82

Vorbereitung 21

Zeitmanagement 17
Ziele formulieren 30, 171

**Bibliografische Information der Deutschen Nationalbibliothek**
Die Deutsche Nationalbibliothek verzeichnet diese Publikation in der Deutschen Nationalbibliografie; detaillierte bibliografische Daten sind im Internet über http://dnb.dnb.de abrufbar.

**ISBN Print: 978-3-648-03502-3 Bestell-Nr. 00330-0002**
**ISBN ePDF: 978-3-648-03503-0 Bestell-Nr. 00330-0151**

2., aktualisierte Auflage 2014


Redaktionsanschrift: Fraunhoferstraße 5, 82152 Planegg
Fon: (0 89) 8 95 17-0, Fax: (0 89) 8 95 17-2 50
E-Mail: online@haufe.de
Internet www.haufe.de
Redaktion: Jürgen Fischer
Redaktionsassistenz: Christine Rüber



**Umschlaggestaltung:** Kienle gestaltet, Stuttgart
**Umschlagentwurf:** Agentur Buttgereit & Heidenreich, 45721 Haltern am See
**Druck:** freiburger graphische betriebe, 79108 Freiburg

Zur Herstellung der Bücher wird nur alterungsbeständiges Papier verwendet.

# Die Autoren

## Prof. Dr. Hans-Dieter Litke

Wirtschaftsinformatiker, Professor im Fachbereich „Produktionsmanagement" an der ESB Reutlingen, langjährige Projektleiter-Erfahrung in Unternehmen und wissenschaftlichen Einrichtungen, Fachautor zahlreicher Beiträge und Fachbücher zum Thema Projektmanagement.

## Dr. Ilonka Kunow

ist als freie Autorin und selbstständige Projektmanagerin tätig.

## Heinz Schulz-Wimmer

Diplom-Kaufmann, langjährige Erfahrung als Führungskraft. Trainer und Coach für die Bereiche Projektmanagement und Führung sowie Fachautor von Büchern und Beitragen zum Thema Projektmanagement.

# Weitere Literatur

„Projekttermine und -kosten im Griff" von Max J. Wolf, 199 Seiten, € 19,80. ISBN 978-3-448-09351-3, Bestell-Nr. 00115

„Projektcontrolling – mit Arbeitshilfen online. Projekte überwachen, steuern, präsentieren" von Berta C. Schreckeneder, 318 Seiten, € 34,95.
ISBN 978-3-648-03654-9, Bestell-Nr. 01404

„Praxishandbuch Projektmanagement – inkl. eBook und Arbeitshilfen online" von Günter Drews, Norbert Hillebrand, Sabine Peipe, Uwe Rohrschneider, 700 Seiten, € 59,00.
ISBN 978-3-648-05090-3, Best-Nr. 00415

„Teams führen" von Rainer Niermeyer, 221 Seiten, € 29,95.
ISBN 978-3-648-02455-3, Bestell-Nr. 01312